珊瑚花园之旅

那是……

海洋科普馆

珊瑚花园

SHANHU HUAYUAN

凌晨漫游工作室 编著

脆弱的美丽邻居

谁说海洋里只有鱼虾、海藻，而没有花草、树木？

在这个地球上，有一个奇妙的地方，绽放着永远不败的花朵，绚烂而又瑰丽，但它并不存在于我们生活的陆地，而是被藏在了深深的海底。

还记得《海底总动员》里小丑鱼父子生活的美丽家园吗？那里有五光十色的花树、遍地开放的花朵，会变色的彩色鱼穿梭其中，那是只有海洋生物和美人鱼才有资格畅游的奇妙国度——由珊瑚虫家族建造的海底花园。

每只珊瑚虫都是出色的艺术家：八放珊瑚虫设计出柳枝一样的红珊瑚、管风琴一样的笙珊瑚；造礁珊瑚虫堆积出千奇百怪的礁石和海岛；软珊瑚是海底花园中盛开千年的花朵。然而，珊瑚虫存在的意义，并不只是为了让海底变得美丽，它们的骨骼堆积成岛屿、沙滩，身躯更是为成千上万种海洋生物提供了生活的乐园。

对于海洋生物来说，珊瑚是和善、宽容的房东与共生伙伴；对于人类来说，珊瑚是安静、友善而又热心公益的好邻居；对于大海来说，珊瑚是它最重要的孩子和造物之一。

让我们来试想一下，如果没有珊瑚，这个世界会变成什么样子……至少不会再有天堂般的热带珊瑚岛礁和雪白沙滩，海水中不会再游弋着五彩缤纷的珊瑚鱼，可爱的寄居蟹和小海马将从此难觅踪影，花哨的螳螂虾和拖着长裙的蓑鲉终会因为失去保护之所而灭亡。没有了珊瑚，我们甚至可能会失去海洋中四分之三种类的鱼。

随着越来越频繁地接触海洋，人类已经给海中的邻居——珊瑚带去了相当多的困扰。潜水、捕捞、排放污物……即使只是在珊瑚丛附近喂鱼这一行为，都可能给它们带来灭顶之灾，敏感的珊瑚开始患上了白化病，逐渐失去了颜色和生机。

其实，很多种类的珊瑚都是有毒的，但微弱的毒性并不会危害人类。珊瑚是脆弱的，有时甚至连自己都无法保护，反而是人类一直在步步紧逼，威胁着珊瑚的生存。有科学家说，如果我们的环境继续恶化下去，澳大利亚大堡礁的珊瑚世界或许会在100年内消失。

珊瑚是美丽的，而美丽的东西往往都是相当脆弱、需要加倍呵护的。如果你爱这本书中油画般美丽的珊瑚世界，那是应该想办法去收集珊瑚、触摸珊瑚，还是远远地看着它们、祝福它们永远存在呢？

编著者

目录

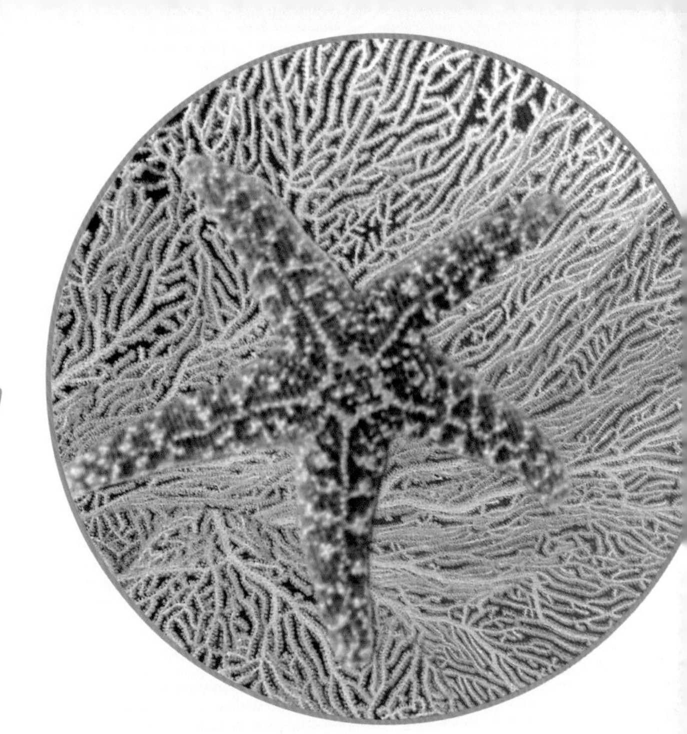

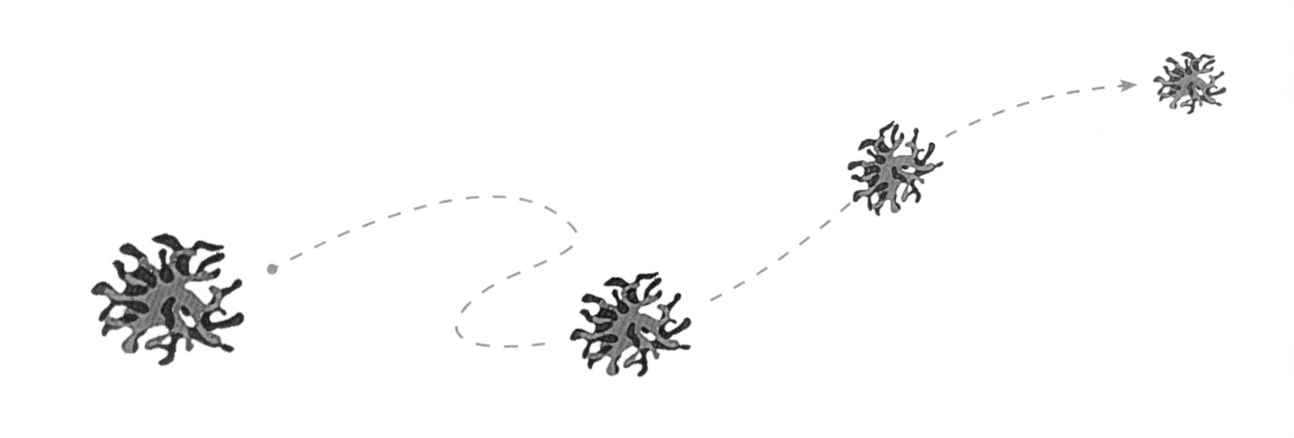

造林先锋珊瑚虫

 珊瑚虫的故事 

豆丁海马的红珊瑚旅馆

豆丁是只侏儒海马，生活在一片由五颜六色的柳珊瑚和海草构成的海底丛林里。

和家里的其他亲戚一样，豆丁买不起地来建造自己的房子，无奈只能在红珊瑚小姐家的旅馆里租了一个房间，面积虽然不大，但却漂亮而又舒适。

红珊瑚小姐家的旅馆称得上是这片海域中的标志性建筑，这丛珊瑚差不多有两米高，纤细的枝条优雅地伸向四面八方，宛如一尊造型完美的红色柳枝雕塑，吸引了周围一大批寻找住处的虾虎鱼和螳螂虾前来入

住。虽然周围还有其他像柳枝、花朵、鹿角、鸡冠、大脑的珊瑚，但都没有红珊瑚这样鲜艳耀眼的色彩。

可想而知，红珊瑚旅馆的租金也是贵得惊人。幸亏豆丁只有人类的半根小手指那么大，这种身材可以为他节省不少房租呢。

豆丁非常喜欢这个用红色珊瑚枝搭出的美丽小窝，他甚至努力把自己身体的颜色和形状变得越来越接近这些珊瑚枝。不过，豆丁还是一点儿都不喜欢自己的房东，红珊瑚一家总是端着一副高高在上的架子，甚至懒得和房客们说话。

“因为总有些傻乎乎的人类，在他们看来，红珊瑚天生就比别的珊瑚高贵，听说还给红珊瑚一家颁发了一个‘贵珊瑚’的奖状。”住在红珊瑚下的寄居蟹贼头贼脑地说，“从那以后，这一家人都快把尾巴翘到天上了。但事实上呢，他们根本就没从这个尊贵的称号上得到任何好处，哼哼。”

豆丁没说话。比起自己的房东来，他更不喜欢寄居蟹。要知道，这家伙可是个经常抢占别人房子的海底小强盗，而侏儒海马虽然家里穷，但却是绝对诚实守法的海底好公民。

有一天，在收到一条蓝灯虾虎鱼传来的口信后，红珊瑚旅馆的气氛突然变得有点儿奇怪，豆丁第一次听到了红珊瑚小姐的哭声。

善良的侏儒海马忍不住过去安慰房东，没想到红珊瑚小姐一反常态地跟他唠叨起来：“前不久，我叔叔家的珊瑚枝几乎整个被人类抢走，还损伤了一大批家族成员。”

红珊瑚属于一个叫作“八放珊瑚”的大家族，这个家族中每个成员的触手都不多不少正好是8条。

说到这儿，红珊瑚小姐的8条触手全部都在愤怒地挥动着，看起来就像跳舞一样：“我叔叔一家用了50年时间才建造了像你那么大的珊瑚枝，居然一下子就全被抢走了！”

“那些坏蛋为什么偏偏要抢你叔叔的家呢？”豆丁有点儿糊涂。

“为了做好看的首饰和雕像，或者摆在桌子上看着玩呗！”红珊瑚小姐愤怒的话语里还带着一丝说不出的自豪感，“谁让我们红珊瑚是最美丽、最珍贵的珊瑚呢！”

这种事就不用骄傲了吧，豆丁很想这么说。树大招风，侏儒海马家的传统就是低调地隐藏自己。

红珊瑚小姐咬牙切齿地说：“叔叔捎信来说，那些坏蛋最近正在这片海域活动，已经夺走了不少珊瑚的家，就快到我们这一带了。你能想象吗，那些坏蛋毁掉了我叔叔的祖居还不够，居然还要拆掉我们的旅馆！”

听到有人要抢走自己最喜欢的住处，豆丁也很愤怒，但比起他这种随时可以更换旅馆的租客来说，世世代代都在用自己的骨骼建造这座珊瑚旅馆的红珊瑚一家真是太可怜了。

“从我的曾祖父的曾祖父的曾祖父……开始就住在这里了，他们花了好几百年时间，才用自己的

骨头造出我们现在住的这株红珊瑚。”红珊瑚小姐忧伤地对豆丁说，“说抢就抢，简直比寄居蟹还过分！”

豆丁觉得红珊瑚小姐生起气来反而变得比平时亲和多了，所以他大胆地给出了一个建议：“要不要考虑搬家呢？我知道这附近有一片很隐蔽的珊瑚礁，虽然没有这里的风景美，不过周围都是你们的远房亲戚，正好适合你们在那里安家。”

“什么？和那些粗手大脚、只会建造大块礁石的苍珊瑚住在一起？”红珊瑚小姐嘟起了可爱的嘴，“和我们的身份太不相称了！”

豆丁故作擦汗状说：“其实珊瑚礁也是很有用的……”

红珊瑚小姐把纤细、柔弱的触手伸到他面前，优雅地晃了晃：“看到没？与那些只会建造珊瑚礁、粗手大脚的珊瑚虫不一样，我们是为了美而存在的，而那些家伙却粗糙到连骨头都是结块的，根本造不出我们这种树枝一样优雅纤细的艺术品。”

说完她还陶醉般地摸了摸脚下的珊瑚枝。

“我也认识你们柳珊瑚这一支的不少成员，他们造出的珊瑚树都很好看，但从来没见过像你们红珊瑚家这么矫情的。”寄居蟹又从沙子里冒出来，伸出一只大蟹钳，“要搬家，就快点儿决定，我可以帮你们从下面切断珊瑚枝。”

豆丁认为“矫情”这个词寄居蟹用得很恰当。

虽然他非常舍不得离开这片五彩缤纷的珊瑚丛林，但要是留下来就有被人类抓到陆地上的危险，那还不如搬到安全的礁石堆里去呢。

红珊瑚小姐眼泪汪汪地想了三天，终于下决心搬家。两只寄居蟹用钳子磨了整整一个星期，终于把这株红珊瑚从根部切下来，幸亏这段时间人类没来打扰。

这支奇怪的搬迁小队的主要成员有一只侏儒海马、两只螳螂虾和三对虾虎鱼，另外，负责搬运巨大红珊瑚枝的是条力气很大的石斑鱼，两条花枝招展的蓑鲉挥舞着飘带一样的鳍扶在两侧，帮助保持珊瑚枝的平衡。

一路上大家不断地听到红珊瑚小姐的尖叫 ：“哎哟，稍微慢一点儿，颠死了！”“停一下，水流太急，都弄乱我的触手了！”

尽管旅途有点儿颠簸，还不小心碰坏了几根细小的珊瑚枝，但搬家工作还是顺利完成了。

红珊瑚旅馆的新址选在一片巨大的苍珊瑚礁旁边。石斑鱼在两条蓑鲉的帮助下，成功地把这株红珊瑚插进了沙地里。

一大片朴实的淡蓝色苍珊瑚礁衬托着一株火焰树般的红珊瑚，有种说不出的美丽。因此，红珊瑚小姐虽然开始有点儿小小的抱怨，但她很快就爱上了这种“鹤立鸡群”的新生活。

“找个傻大个儿来衬托我们的优雅也挺好。”红珊瑚小姐自言自语着。在房间里睡得正香的小海马没有听到这话，至于旁边那位厚道的苍珊瑚，更是连一句反驳的话都不会说，任由红珊瑚小姐在那儿得意着。

珊瑚虫与人类

在我们的印象中，珊瑚坚硬而又美丽，其实那都是珊瑚虫的石灰质骨骼！当然，一只珊瑚虫的骨骼是微小的，可成千上万只珊瑚虫的骨骼聚集在一起，那可就不一样了，正是这种集体的力量才为我们呈现出了美丽的珊瑚。

珊瑚是宝

在童话故事里，海盗的宝箱里一般会装些什么？通常少不了黄金、珍珠、钻石和珊瑚。

在人类的历史上，珊瑚一向都是珍贵而美丽的珠宝。古罗马人认为，珊瑚可以防止灾祸、给人智慧，而且还有止血和祛热的功效。红珊瑚更是被誉为“红色黄金”。人们常把红珊瑚枝挂在小孩的脖子上，祈求神灵保佑孩子平安。

一些航海者甚至相信，佩戴

红珊瑚，可以防闪电、飓风，保佑自己旅途平安，虽然他们更应该相信罗盘和避雷针。

在佛教的传说中，珊瑚是被佛祖认可的宝物之一，红色的珊瑚和金、银、珍珠、玛瑙、琥珀、琉璃、砗磲、红玉髓并列被称为佛教七宝。咦，总数好像不对？那是因为不同版本的记载里，“七宝”包括的种类也不一样，不过，无论哪个版本，肯定都少不了珊瑚。可见在人们心里，珊瑚的地位确实很高。

在中国古代，大株的珊瑚更被认为是极珍贵的物品。西晋的两个富豪石崇和王恺斗富，就曾经互相炫耀自己最珍贵的藏品——珊瑚树。到了清代，二品以上官员的帽顶和朝珠，都由红珊瑚制成，以此彰显穿戴者身份的高贵。

其实那些常被拿来和珍珠、玛瑙、翡翠等并称为珠宝的珊瑚，基本上都是指红珊瑚。另外，还有一种骨骼非常像黑色树枝的黑珊瑚，又叫作“海铁树”，有时也会被当作贵重的首饰或雕刻材料，用它做成的烟斗可是渔民们的最爱。

珊瑚为什么很贵重？

俗话说“物以稀为贵”，珊瑚之所以那么贵重，主要是因为它们的稀少。珊瑚生长速度缓慢，生活在浅海的普通造礁珊瑚，每年差不多能生长 10 厘米至 26 厘米，但这都已经算是快的了，深海的非造礁珊瑚每年最多也就生长 1 厘米。部分深海珊瑚虫的寿命特别长，它们造出的珊瑚的生长周期当然也就更长了，20 年只能长出不到一根烟的长度。

至于那几种被当作宝石或半宝石的珊瑚，运气不好的话，每长 1 厘米大约需要 50 年左右的时间。这样看来，一株天然珊瑚树的生长周期，最少也要在 500 年以上。

如果是作为雕刻的材料，则需要粗一些的珊瑚枝，也就是说，人类手里一根拇指大小的天然红珊瑚项坠，起码要在大自然中生长 800 年到 1,000 年！

现在小朋友们应该明白珊瑚为什么这么贵了吧。一株 30 厘米左右高的珊瑚树，需要多少年才能长成？你算算看。

忧伤的苍珊瑚

八放珊瑚大家族里唯一的礁石建筑工——苍珊瑚，是苍珊瑚目这个小家族里独一无二的成员，连个血缘特别近的亲戚都没有。它们的骨骼中含有金属，所以不是白色，而是美丽的褐色或淡蓝色。

比起其他娇生惯养的珊瑚来说，苍珊瑚很好养活，所以分布极广，而且大多喜欢住在离海滨很近的浅海。正是因为这个习惯，苍珊瑚的日子变得很不好过。

很多苍珊瑚虫被人类抓走送进水族馆，一些珊瑚枝则成为古玩爱好者的收藏品，而越来越酸的海水，也不是养育下一代的好环境。搬家问题已迫在眉睫，珊瑚的栖息地由于人类的开发而正在遭受破坏，珊瑚的数量正在一天天地减少。

栖息地被破坏，这使得苍珊瑚家族几代人的努力都白费了。把“建造礁石，扩展浅海地盘”作为毕生志向的苍珊瑚家族陷入了深深的忧郁中。可是，谁又能帮助它们呢？

保护珊瑚

大堡礁是世界上最大最长的珊瑚礁群，已成为吸引世界各地游客来猎奇观赏珊瑚的最佳景区。为了保护珊瑚，澳大利亚大堡礁的海滨公园规定，游客不能带走任何自然物体，包括贝壳，违者将面临高额罚款。而且，大洋洲的大多数海洋公园都已经把禁止钓鱼列入了规章制度。

马尔代夫也有游客不得擅自收集沙滩上的珊瑚碎屑和贝壳的规定，只有从正规纪念品商店购买的才被允许带上飞机。

马来西亚同样有不许携带生物制品离开国境的规定，其中就包括珊瑚。

所以，千万不要随便捡拾海滩上的珊瑚碎片和贝壳哦！做个爱护海洋生态环境的好孩子。

谁是珊瑚虫

珊瑚是珊瑚虫的骨骼堆积塔。珊瑚虫世世代代生活在祖先的骨骼上，再用自己的骨骼为身下的珊瑚添砖加瓦，建造出美轮美奂的水下建筑。

珊瑚虫是生物界珊瑚纲中多种生物的统称，属于腔肠动物，它们基本上都是圆筒形身材，长着6条、8条甚至更多的触手，用来捕食和保护自己，珊瑚虫的下端附着在物体的表面上，外形很像水螅，因此也被称为“水螅体”。

大部分珊瑚虫喜欢群居，它们从海水中吸取矿物质，用来建造外壳保护自己。

珊瑚虫是建造海底花园的能手，但活的珊瑚虫离不开海水。平时我们在陆地上看到的珊瑚，只是珊瑚虫死后留下的骨骼而已。

触手问题

珊瑚纲的所有生物决定举行一次盛大的聚会。

主持人宣布，大家的座位将按照不同种类区分：八放珊瑚亚纲成员坐在A区，六放珊瑚亚纲成员坐在B区，其他几种珊瑚亚纲成员因数

量比较少就坐在 C 区。

一只长得很像海葵的小家伙问主持人："请问，我该坐在哪儿？"

主持人说："很简单嘛，你的触手是 8 条就去 A 区坐，是 6 条或 6 条的倍数就去 B 区坐，是其他数目的话就去 C 区坐。"

小家伙羞答答地从背后伸出无数条触手："我的数学不太好……您能帮我数一下吗？"

八放珊瑚

八放珊瑚是珊瑚纲下面的一个亚纲，所有成员都有 8 只触手和 8 片体内膈膜，八放珊瑚喜欢大家聚在一起的生活方式。这个亚纲下面常见的品种是柳珊瑚目、苍珊瑚目、软珊瑚目。大部分八放珊瑚是非造礁珊瑚——虽然有机会形成美丽的珊瑚体，但不能建造珊瑚礁。

☞八放珊瑚虫都有羽状触手，触手内部是中空的，和消化循环腔相互连通。

☞八放珊瑚亚纲的成员喜欢群居。在一个小群体的体内，由钙质或角质骨针所形成的骨骼来支撑身体，当然啦，这些骨针也就是八放珊瑚虫建造珊瑚的材料。不同种类的八放珊瑚虫，骨骼的形状也不一样。像花朵一样的软珊瑚，骨针呈游离状态，分散在身体的中胶层；像管乐器一样的笙珊瑚，骨针都融合成了致密的管子；柳珊瑚目和海鳃目的骨针则融合成了骨轴，例如属于柳珊瑚目的红珊瑚和海铁树的骨针就是这样；唯一一种会建造珊瑚礁的八放珊瑚——苍珊瑚，它们的骨针则是粗粗拉拉的块状。

红珊瑚属于八放珊瑚亚纲下的柳珊瑚目，大多生长在比浅海珊瑚礁稍微深点儿的海域里，身姿就像是美丽的红色树木，只可惜它们不会建造珊瑚礁。

六放珊瑚

六放珊瑚是珊瑚纲这个大家族里的另一个亚纲家族。这个亚纲的家族成员非常容易辨认，触手和隔膜的数量都是 6 或 12 或 18……总之，一定是 6 的整倍数。

并不是所有六放珊瑚亚纲的成员都喜欢聚在一起过日子，有些也喜欢独自生活。比如海葵目下的海葵们，虽然看起来触手很多，但每只海葵都是一个大型的单独个体。

这个亚纲常见的品种有石珊瑚目、六放珊瑚目、海葵目和角珊瑚目。支撑起马尔代夫、南沙等海岛的珊瑚礁，大部分都是石珊瑚目珊瑚虫的作品。美丽的海底之花——海葵也是六放珊瑚这个大家族里的成员，算起来应该是珊瑚的亲戚，如果小朋友们有机会近距离观察它们，可以试着数数它们个体的触手数量究竟是6的几倍。只要数清一只珊瑚虫触手的数量是不是6的倍数，就能确定出海葵到底是不是六放珊瑚。

☞除了没有骨头的海葵目，大多数六放珊瑚都有很坚硬的外骨骼，这样它们才能建造出坚固的珊瑚体。不同种类的六放珊瑚的骨骼也不一样。石珊瑚目的身体里有生钙细胞层，可以分泌碳酸钙，形成外骨骼；角珊瑚目一家也能分泌出可生成坚硬骨骼的物质，但不是石灰质，而是角质——和我们指甲或牛羊头上的角一样的物质；虽然六放珊瑚目这个种类继承了“六放珊瑚”大家族的名字，但其实它们并不会分泌形成钙质外骨骼，而是形成一种特别的“壳子”，紧紧黏住身边漂过的一些小颗粒；最特别的是海葵目，它们看起来和八放珊瑚里的软珊瑚很像，但没有体内骨骼，也不会建造珊瑚或珊瑚礁。

☞石珊瑚并不都是建造珊瑚礁的高手哦！有一类石珊瑚分布在浅海暖水处，它们体内还生活着一种植物——单细胞的双鞭毛藻。这种石珊瑚因为是重要的造礁生物，所以被称为“造礁珊瑚”。

另一类石珊瑚则分布在深水和冷水中，体内没有共生的海藻，被称为“非造礁珊瑚”。从南北极到赤道，从浅海一直到6,000多米的深海，都有它们的踪迹。

☞有些珊瑚虫，是由珊瑚虫爸爸妈妈排放在海水中的精子和卵子结合成受精卵，再由受精卵长成一只布满小小细毛的幼虫，然后随着海水浮动，寻找合适的珊瑚骨骼扎根，并发育成水螅体的。另外一些珊瑚虫，则是以出芽的方式生下来的，过程很有趣：老珊瑚虫身上分裂出小小的肉芽，然后新芽不断形成并生长，最后和原来的珊瑚虫水螅体一起住在原先的珊瑚骨骼上，慢慢地形成了一个群体。

猜猜谁的寿命长

世界上最长寿的生物是什么？5,000岁的珊瑚，10,000岁的海绵？反正答案肯定不是乌龟。

2009年，科学家发现了全世界最古老的珊瑚——深海黑珊瑚。它们是地球上寿命最长的生物之一，到现在为止大概已经接近4,300岁了。它们每年只生长约4毫米至35毫米。总之，只要是海底稍具规模的黑珊瑚群，寿命绝对都要以千年来计算。

这种深海黑珊瑚，虽然看起来和柳珊瑚的外形很像，但它们的珊瑚虫并不属于八放珊瑚大家族，而是和八放珊瑚并列的另一个珊瑚纲下的小小家族——钝胶珊瑚亚纲。

小知识 **你知道吗？**

1．所有珊瑚虫的触手都是一被触碰就向里收缩吗？

事实并不是这样。石珊瑚目和海葵目的珊瑚虫，触手受到刺激或是离开水时会收缩，而角珊瑚目的珊瑚虫则无论怎样，它们的触手都不会收缩。

2．所有的珊瑚都不会动吗？

当然不是。并不是所有的珊瑚都只固定在一个地方，有些珊瑚是会动的，比如石芝珊瑚科的几种珊瑚。

海洋馆里的珊瑚（一）

珊瑚虫对环境的要求很高，要想养活它们可不容易。在大连圣亚（大连圣亚海洋世界的简称）的“珊瑚世界”里，我们能看到来自世界各地的百余种一千多个珊瑚礁生物群。这些珊瑚礁生物群，惟妙惟肖地再现了海洋中的珊瑚生态系统。漫步在“珊瑚世界”，就如同走进了童话王国一般。在珊瑚礁中生活的上千条珍稀鱼类和十几种珍稀贝类，与色彩绚丽的珊瑚相映成趣，共同构成了一个神奇莫测、绚丽无比的海底花园。接下来，就让我们一起来观赏一下大连圣亚的“珊瑚世界”吧。

万花筒珊瑚：这种珊瑚只有一个巴掌那么大，每只长管形的珊瑚虫都有 24 只触手伸展摇曳，好似花朵开放，有褐、灰、绿和蓝四种颜色。

扇形珊瑚：这种珊瑚的形成是靠珊瑚虫群居在一起连成网状的扇形。当珊瑚虫缩回时，珊瑚上就会出现点状或者圆形的孔，不规则地分布在各侧。

红鸡冠珊瑚：这种珊瑚外形就像是一丛丛灌木，珊瑚虫的颜色有浅米色、白色、粉红色和橘色。

红海树珊瑚：这种珊瑚看上去酷似海底的灌木丛，枝丫交错，枝干背部有纵沟。

圣诞树珊瑚：这种珊瑚能够直立在海底，足部硬硬的像皮革似的，珊瑚的上部形似树冠，非常漂亮。

蓝海树珊瑚：这种珊瑚的蓝色枝丫在同一平面上连接成网状，枝干表面没有沟。

红海柳珊瑚：这种珊瑚外形太像树木了，可却不是植物，而是彻彻底底的海洋动物，属于腔肠动物的木珊瑚科。

勤奋建筑工造礁珊瑚

造礁珊瑚的故事

白星的奇妙旅行

珊瑚虫白星从出生就有一个了不起的梦想。

“我要成为一名环游世界的旅行家！”他兴高采烈地向家人宣布。

没想到，全家人都对他的这个梦想表示强烈反对：“珊瑚就应该安安静静待在一个地方，到处溜达像什么样子！”“孩子，不老实待着会死哟！”

白星觉得自己的梦想就算谁都不支持也无所谓。他的兄弟姐妹一个个都在祖辈的老房子上安家落户，只有他摆动着细细的纤毛，四处漂来漂去。但是，作为一只小珊瑚虫，白星能自由自在地随着海水游荡的日子只有短短一个多星期，接下来他所面临的选择非常严峻：

第一种，继续游荡，漂到不知什么地方，很快会死掉；

第二种，在父母生活过的地方落脚，从此过着一动不动的日子。

“唉，梦想就是做梦。”白星唉声叹气地回到了父母的家，找了个舒服的地方，把自己扎了下去，和周围其他珊瑚虫的身体连在一起。不过，这也使大家形成了一种很省事的吃饭方法：各自用自己的嘴吃东西，再共用一副胃肠消化。总之，所有珊瑚虫都成了拴在一条绳子上的“蚂蚱”，想走也走不了了。

白星家属于一个被称为“石珊瑚”的庞大家族，祖传的职业是海底建筑工。从远古到现在，每一代的珊瑚虫都在不断地从自己体内分泌出一种叫石灰质的东西，然后凝结成骨骼，用来建造身下不断生长的珊瑚礁，所以人类称它们为“造礁珊瑚”。

建造礁石是个不需要费太多精力的工作，所以，每天还有很多空闲时间留给白星去想东想西，或是和过往的鱼群聊天，除了抓捕路过的浮游生物之外，这是最让他感兴趣的事。

“我的家乡是马尔代夫，那里全都是你们祖先建造的美丽珊瑚岛，沙滩是白色的，海水清澈透明，在海底甚至可以看到夜空中的星星。”一只刚搬来的大海龟说。

“我也想知道星星是什么样子的，哪怕只看一眼也好。”白星在阳光洒落的海底向上仰望。

海龟想了想：“他们看起来和你差不多，白色小小的，不过是亮晶晶的。”

“那——”白星的问题还没问出口，海水里突然传来一阵波动。

“人类来了！”长得和珊瑚枝非常相似的豆丁海马尖叫一声，飞

快地藏进了珊瑚礁深处。大海龟则拿出和平时慢吞吞的动作完全不相称的敏捷，迅速钻进了沙堆。

人类？出生只有两个月的白星从未见过真正的人类。

他只看到一条后背会吐泡泡、眼睛长在头顶上、尾巴分成两条的“怪鱼”摇摇摆摆地游了过来。然后这条“怪鱼”把白星居住的那枝珊瑚，连同小白星一起，小心翼翼地从整块珊瑚礁上取下来，放进一个透明的笼子里，带走了。

发觉自己在动的白星，兴奋地隔着笼子向兄弟姐妹们挥舞着触手告别，丝毫没把家人担忧的呼喊当回事。不过，他很快就陷入了失望中。

自从离开了大海，白星就被装进一个不透光的水桶里，等他再睁开眼时，已经被带到了一个陌生的地方——一个方方正正的透明鱼缸，鱼缸里放了两块石头、几根海藻，还有一些贝壳和两条蓝色的小虾虎鱼。至于旅行过程中的沿途风景，唉，他半点儿都没看到！

这两条虾虎鱼都是在鱼缸里出生的，他们甚至连真正的珊瑚礁都没见过。白星完全没有跟他们聊天的兴趣，因为他最近迷上了鱼缸对面会动的“画”——那个被人类叫作电视的东西。白星每天都可以通过电视看到许多奇特的“风景”。

鱼缸里的生活虽然有点儿寂寞，但不用担心被馋嘴的鱼吃掉。吃的东西更是完全不用愁，有个小个子的人会定时用一根小管子把切得碎碎的虾肉末喷到他的触手边。

“这样的生活好像也不错！”白星懒洋洋地在阳光下伸展开触手，等着虾肉被送到嘴边。

但整整一天过去了，那个喂食的人却没有再来。第二天，那个人仍然没有出现。问两条虾虎鱼也是白费，他们只知道在附近傻呆呆地打转。然而祸不单行，鱼缸边每天都在嗡嗡作响的奇怪铁盒子不知从什么时候起变得悄无声息了。

“嗡嗡”声一停，鱼缸里的水立即开始变冷了，从来没挨过冻的白星全身直打战，所有的触手都缩在了一起。他觉得自己简直快要被冻死了。

在这千钧一发的时候，终于来了两个人，其中一个好像在激烈地对另一个说些什么，而另一个则在努力解释。白星对这些都不感兴趣，要知道，作为一只习惯待在20℃至30℃水里的珊瑚虫来说，在刚刚过去的一天里，他经历了生命中最大的一次危机。

鱼缸外的两个人越吵越

激烈，没完没了，鱼缸里的白星却迷迷糊糊地睡着了。

这一次不知道睡了多久，在剧烈的水波冲击下，白星终于睁开双眼，却顿时僵住了，他居然回家了！不对，自己家附近的沙子根本没这么白，海水也没这么清澈透明。而且面前怎么还多了一间大玻璃房子？人类就像鱼一样在里面来回游动。透过玻璃墙壁，还能看到一台巨大的电视，正在播放一些奇怪有趣的画面。那么，这又是哪里呢？

急于知道答案的白星用力摇醒了身边一只懒洋洋的海葵，问道："这是什么地方？"

"你连珊瑚史上第二伟大的奇迹都不知道吗？"海葵触手里钻出一条穿条纹制服的小丑鱼，叽叽喳喳地替打瞌睡的好友回答，"这里就是你们珊瑚虫建造的梦幻群岛——马尔代夫啊！"

"啊？这里就是马尔代夫？"能在海底看星星的马尔代夫？

当遥不可及的梦想突然变成现实，白星简直像被一大团虾肉砸到头一样，高兴得都傻掉了。

白星压根就不知道，在他睡着的时候，自己的两位前任饲养员整整吵了一天，最终还是决定把他送走，换成一只对水温不那么挑剔的热带鱼来养。

与此同时，一家马尔代夫的水下旅馆为了环保，号召旅馆住客在餐厅的海底玻璃房周围种植珊瑚。

凑巧的是，两位前任饲养员的朋友正准备到马尔代夫度假，刚好预订了这家旅馆……就这样，白星机缘巧合地搭上了这班顺风车，在睡梦中舒舒服服地到了马尔代夫，又非常幸运地被安置在了海底玻璃房的旁边，他所处的位置正对着那台大电视。

人类复杂的想法和行动是连大脑都没有的珊瑚虫永远都搞不清楚的。但这又有什么关系呢？尽管过程曲折艰辛，但结局却是圆满的，所有的童话都是这样的。

幸运的白星一边看着电视，一边享受着热带温暖的海浴，心满意足地想：旅行实在是太美妙了！

咱们还有电视看，
真好！

珊瑚礁与人类（一）

珊瑚礁对我们人类的意义重大，作为自然防波堤，阻挡了海浪和飓风的侵入，有时候，人们干脆就居住在珊瑚礁形成的岛屿上。珊瑚礁灰岩可作为烧制石灰、水泥的良好原料，许多珊瑚岛上的住所就是用这种特别的珊瑚礁灰岩做的砖来搭建的。有潮汐通道与外海沟通的环礁潟湖，还可以作为船舶的天然避风港。而珊瑚礁灰岩覆盖的平顶海山，则是水下实验的优良基地。

珊瑚礁里还蕴藏着丰富的矿产资源。因为礁灰岩是多孔隙岩类，渗透性好，有机质浓度高，所以也是油气的良好生储层，目前已发现和开采的礁型大油田就有十多个，可采储量达到了 50 多亿吨。

珊瑚礁中生长的珊瑚可作工艺品和药材，而在其周边生活的五彩缤纷的礁栖热带鱼则可供人观赏和食用。不少礁区还是潜水爱好者的天堂。

对于沿海居民来说，珊瑚礁就是大自然赐予他们的聚宝盆。

水下珊瑚餐厅

马尔代夫是一个完全建立在珊瑚礁岛屿上的国家，全国 1,200 多个岛屿都由珊瑚礁组成，风景特别美丽，被誉为“印度洋上人间最后的乐园”。

马尔代夫群岛上的一家豪华酒店，拥有一间位于水下 4 米的玻璃餐厅，透过 180 度的拱式玻璃屋顶可以将餐厅周边 3 米至 4 米海域范围内的珊瑚礁一览无余。

在餐厅的玻璃拱顶上每天都会有各种鱼类成群地徘徊。到了晚上，甚至还有被称为“魔鬼鱼”的蝠鲼（fèn）和鲨鱼在拱顶上演出猎食的精彩节目，在散布于海床的灯光的映照下，它们的优雅与庞大被展现得淋漓尽致。

难道鱼也喜爱人类的酒店？这当然是不可能的。它们爱的是珊瑚。或者更准确一点儿说，是餐厅周围的珊瑚礁和那些钻进钻出、美味活泼的小丑鱼。

餐厅周围有一圈金属支架，上面密密麻麻种植着人工移植来的小珊

瑚。顾客也可以花钱种植一株属于自己的珊瑚。即使旅行结束，酒店依旧每个月都会把这株珊瑚的照片和生长情况发到顾客的邮箱里，就像那些被认养的可爱野生动物一样。谁说珊瑚不能作为宠物呢？

曾经有一对新人决定在这间珊瑚环绕的水下餐厅举行结婚典礼。新郎和新娘在餐厅里互换结婚戒指，而他们的家人则全部戴着水下呼吸器，游在餐厅的玻璃拱顶上，观看这场别开生面的婚礼，在这些亲友们的身边，环绕着无数依靠珊瑚生活的美丽的热带鱼。

这是一幅多么美丽的画面，这是一场多么浪漫而又别开生面的婚礼。很羡慕他们吧？从现在开始好好爱护海洋，就可以留住水下这美好的世界。

珊瑚种植计划

一位海洋生物学家带领他的研究小组，研发了这样一项技术——采集被损坏或是生存环境遭到威胁的珊瑚，将它们移植到一个可移动的珊瑚托盘上，再把托盘种植在温暖的海水中，或是像水下餐厅周围那样的金属支架上。在这种温暖的环境里，珊瑚会因为想要得到更好的生存条件，而加快生长速度。但珊瑚到底什么时候才能长成一座小岛呢？天知道！

每个用来移植珊瑚的托盘，价值 100 美元，差不多相当于 600 元人民币。但为了 100 年后的海底还能有珊瑚存在，所以这笔钱花得值。

同时，这项计划也得到一些豪华酒店的支持。因为没有珊瑚，马尔

代夫天堂般的海岛度假酒店也就没有了存在的价值。更不用说那些雪白的沙滩和迎着落日的棕榈树了，它们都是非常脆弱的。如果珊瑚死去，这些建立在珊瑚礁上的美丽景色，也会随之消失！

人造珊瑚礁

随着对珊瑚礁研究的深入，我们发现珊瑚礁除了拥有美丽的外表，还为海洋生物提供了栖息地，并有效地减小海浪的冲击，阻止海水上涨对陆地的侵蚀。那么，在有些海域投放人造珊瑚礁，是不是也能起到珊瑚礁的作用呢？

人造珊瑚礁具有很强的稳定性，可以为大量的海洋生物遮风挡雨，

还能在一定程度上保护天然珊瑚礁。那么人类用什么来制作珊瑚礁呢?你可能无法想象，竟然是地铁、坦克和舰艇。在泰国，曼谷市政府将收集到的200辆报废垃圾车运送到南部的北大年府和那拉提瓦府两片海域，用以搭建人工珊瑚礁。在美国，废弃军舰“范登堡”号被沉入大海。一年后，潜水爱好者在“范登堡”号上方游动时发现，这艘长159米的导弹追踪舰外部已经长出海藻和海绵。研究者说，已有100多种鱼类把它当成了自己的家。

生命起源地

在分析栖息在海底的动物化石时，科学家们发现了至今5.4亿年前的全球各地的生物体记录，其中包括大多数多细胞生物的进化历史。在确定了6,615种海洋生物的起源环境后，研究者发现，大约有1,426种生物起源于珊瑚礁中，这几乎比浅水环境中的生物起源数量多了50%！原来，珊瑚礁并不只是拥有美丽外表的海底森林和城市，还是无数海洋生命进化的源泉，其中甚至包括了像蛤蜊和蜗牛这样的物种。

科学家们还发现，珊瑚礁对其他栖息地的生物多样性也做出了贡献，这主要是因为一些起源于珊瑚礁生物系统的物种后来又迁徙到了别处。如果现代珊瑚礁持续遭到破坏，那么将因为切断新的生物多样性的供给而使其他生态系统的进化受到长期的影响。

谁是造礁珊瑚

造礁珊瑚是对能造出珊瑚礁的珊瑚虫种类的统称，它们都能生出比较粗大的块状骨骼，并堆积成坚固的礁石。

但并不是所有珊瑚虫都能造出珊瑚礁。能造出珊瑚礁的珊瑚虫，大多数属于六放珊瑚家族，只有一种近海常见的苍珊瑚例外，它们是八放珊瑚家族中唯一能造出珊瑚礁的另类成员。

五花八门的珊瑚礁

造礁珊瑚制造的珊瑚礁有大有小，排名前几位的有以下几种：

☞岸礁

新来的鳐鱼邮递员，冒冒失失地把一封写着“红海岸礁2号收”的国际加急信送到了住在红海珊瑚礁最北端的石斑鱼家。

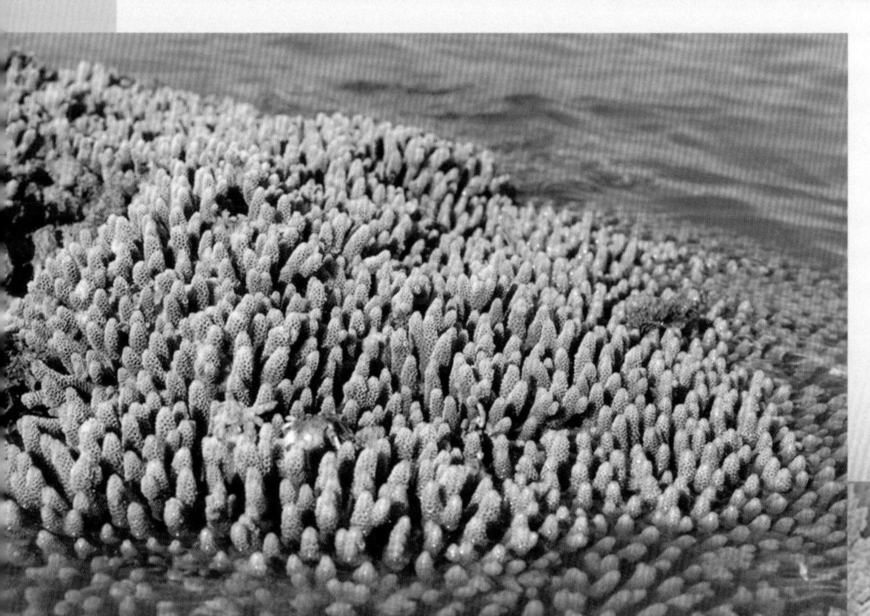

“请问这里是红海岸礁2号吗？我刚从国外回来，对这儿还不太熟悉。”

石斑鱼仔细地看了看信封，

摇摇头："我想你送错了，2号门应该在珊瑚礁的另一头。"

"就在另一边？那应该没多远。"鳐鱼松了口气，把信放回背包，慢悠悠地向南边游去。

石斑鱼同情地望着他的背影："可怜的家伙，难道没有谁告诉过他这片岸礁究竟有多长吗？"

沿着大陆或是岛屿的岸边生长发育的珊瑚礁叫作"岸礁"，也被称作"裙礁"或"边缘礁"。岸礁在很多地方都有分布，比如中国的海南和台湾沿海。

目前世界上最长的岸礁，是红海沿岸的珊瑚礁，它一直沿着红海岸边绵延了差不多2,700多公里，约等于北京到三亚的直线距离那么长！而且，它还在继续生长！

一条3米长的大鳐鱼从南端游到北端，即使是顺着海流，至少也得游两个月左右，所以，千万不要随便申请这里的邮递员工作哟！

☞堡礁

珊瑚礁中的"堡礁"，又被称为"堤礁"，它是生长在海中的堤状珊瑚礁，和陆地之间隔着潟湖。

"大堡礁"这个响亮的名字，并不是所有堡礁的统称，而是指现在地球上规模最大、最具有代表性的堡礁奇迹——澳大利亚昆士兰大堡礁。虽然大堡礁的长度比红海岸礁稍微短一点儿，只有约2,000公里，但是它却拥有2,900个珊瑚岛。

大堡礁是世界七大自然景观之一，位于著名的"珊瑚礁三角区"海

域，北边的边界是托雷斯海峡，南边则一直延伸到南回归线以南。

接下来就让我们通过数字来了解一下大堡礁的规模：大堡礁绵延了约 2,000 公里，最宽处可达 240 公里。因为珊瑚是可以生长的，所以面积还在不断扩大。大堡礁孕育了 6,000 多种动植物，其中至少有 400 多种珊瑚，大约 1,500 种热带海洋鱼类，4,000 多种棘皮动物和软体动物。

大堡礁形成于中新世时期，至今已经有 2,000 多万年了。上一次冰河时期结束后，海面上升到了现在这个位置，之后又过了一万年，温暖的海水里才形成了早期的大堡礁。大自然用了 2,000 多万年的时间，才创造出如此恢宏的自然景观，你忍心破坏它吗？

☞环礁

这种立在海底火山口上的环形珊瑚礁，大多数都孤零零地待在汪洋大海中，从上方看下去，好像蓝色海洋上飘起的白色烟圈。礁体则像一条白色飘带和大海的低洼部分相连，或是在大海中围出一片封闭区域，这就是潟湖。潟湖与大海分隔开来，成为相对独立的生态系统。

环礁是世界上最美的风景之一，它的礁坪上常常会出现珊瑚堆积而成的白色岛屿，周围海水则呈现出清浅的蓝绿色。碧海蓝天、椰林白沙，这一切组成了热带海洋的梦幻沙滩。

世界上最大的两个环礁，分别是马绍尔群岛上的夸贾林环礁和马尔

代夫群岛上的苏瓦迪瓦环礁，它们的面积都在 1,600 平方公里以上，环礁上还居住着当地渔民，以及慕名而来的各国游客。

目前已经被人类发现的环礁大概有 330 多个，中国的南海海域也有一些十分有特色的环礁珊瑚岛，比如永乐环礁、宣德环礁、玉琢礁等等。

☞台礁

这种珊瑚礁还有个特别符合它形象的名字——桌礁，因为它的外形很像从海底突然冒出的一张桌子。和堡礁不同的是，它的周围没有潟湖，边缘也没有像堡礁那样高高隆起的大型珊瑚礁。

不过台礁的“桌面”上也能长出美丽的珊瑚岛！比如中国的西沙群岛西南部的中建岛就是一座非常典型的台礁珊瑚岛。

造礁珊瑚与微量元素

造珊瑚礁的工作可不是每种珊瑚都能干的，只有那些能从体内分泌出钙质，形成块状的外部骨骼的珊瑚，才能堆积出坚固的珊瑚礁基座。也有少数造礁珊瑚的骨骼是在身体内的，不过同样是粗大的块状。

造礁珊瑚对环境可是十分挑剔的，铜、铁、锰和锌这些微量金属元素，都是造礁珊瑚生长所必需的营养物质。但含量却得恰到好处，半点儿不能多，半点儿也不能少。比如，海水中的铁含量稍微多上那么一点点儿，就会对造礁珊瑚造成伤害，影响它们的生存和繁殖。

实验已经证明了，不同的金属元素会在某些珊瑚体内越积越多，这样就会对珊瑚造成极大的危害。因此，那些生活在靠近人类生活海岸的珊瑚，由于人类在海中的活动及周围的海水污染等，已经明显长得不那么好，也不那么快了。

造礁珊瑚与非造礁珊瑚

一般来说，珊瑚可以简单地分为造礁珊瑚与非造礁珊瑚两大类。那么，它们都有哪些区别呢？

1. 首先是居住环境不同

造礁珊瑚：对生存条件要求非常严格，大部分只能生活在这样的海水中：水温 20℃至 30℃，3.5% 的含盐量，非常洁净，没有污浊泥沙，能充分透进阳光，不能含有太多营养物质。造礁珊瑚大部分都分布在 20 米左右水深的热带浅海海域，还要依附在岩石上才能生长。

非造礁珊瑚：适应性强，在低温和各种深度的环境里都可以存活，甚至在 5,000 米以下、-1℃低温、完全无光的海底也能生存下来。不过在水深 500 米、水温 4.5℃至 10℃的海中，生长得最繁盛、美丽。对非造礁珊瑚来说，有没有岩石都无所谓。

2. 其次是构造上有差别

造礁珊瑚：大部分造礁珊瑚体内共生着一种单细胞藻类，叫虫黄藻。它们除了给原本是白色的珊瑚染上绚丽多彩的颜色，还能够帮助珊瑚虫生长发育和新陈代谢，促使它们分泌形成钙质外骨骼，这些钙质外骨骼堆积在一起，就能更快地造出珊瑚礁了。正是因为体内的虫黄藻需要进行光合作用，所以没有阳光的地方对它们来说可不是好住所。造礁珊瑚生长速度快，但非常脆弱，环境或水质稍有变化就会遭到破坏，甚至连海星都能把它们给毁掉。

非造礁珊瑚：体内没有共生藻类。有些品种不会分泌钙质，而是靠体内原来就有钙质的骨针来支撑身体。完全不需要阳光，适应力强，但生长速度极其缓慢，如果被大面积破坏，几乎不可能得到恢复。

珊瑚礁和白沙

小猪麦兜最向往马尔代夫的“椰林树影，水清沙幼”。但世界上只有少数海滨拥有细软的白色沙滩，比如马尔代夫和中国的三亚，而我们周围常见的大多数沙滩都是黄色的。

热带地区美丽的白色沙滩究竟是如何形成的？真正的功臣就是珊瑚礁。

黄色的沙滩是硅质沙滩，它们的沙子和沙漠中的沙子一样，是岩石风化的产物，成分中含有大量玻璃的前身——石英，也就是二氧化硅。而白色的沙滩则是钙质沙滩，也就是海中珊瑚和贝壳的遗骸。死掉的珊瑚会被海浪分解成细沙，这些细沙丰富了沙滩，也取代了被海潮冲走的沙粒。

所以，只有在生长着大片浅海珊瑚的温暖海域，才有机会形成细腻的白色沙滩！

深海珊瑚礁

更深更冷的海底，真的完全没有珊瑚礁吗？

当然不是，有一部分造礁珊瑚，也可以忍受低到 -1℃的海水温度和更少的阳光，它们分布在挪威、法国、北美和新西兰的沿海海域，造出的珊瑚礁有的长度甚至接近 200 公里，高达 100 多米，开着汽车需要近两个小时才能走完全程。

不过，这些还不是深海珊瑚最惊人的成绩！

科学家曾经在一次海洋生物普查活动中，在北冰洋海面下 450 米深的地方，发现了一座古老而又巨大的珊瑚礁。这座珊瑚礁全长约 35 公里，高达数百米，简直像一座藏在海底的小型山脉，而据专家推测，它的年龄至少是 8,000 岁。

随着长时间的地壳和气候变动，这座庞大的古老珊瑚礁如今深埋在北冰洋寒冷的海水下，在这种环境下，即便是耐寒的深海珊瑚礁日子也很难熬，所以现在历经沧桑的老珊瑚礁几乎已经没有办法继续生长了。

海洋馆里的珊瑚(二)

让我们继续来看看，大连圣亚的“珊瑚世界”中还有哪些美丽的珊瑚。

榔头珊瑚：这种半球形的榔头珊瑚群体由许多小的波纹形板叶构成，触手多而密集，顶端膨胀呈肾形或新月形，并且向内弯曲，就像一个个榔头，其名便是由此得来的。它们能长到 2 米高，边缘光滑，是热带常见的一种珊瑚。

香菇珊瑚：这种珊瑚的触手十分短小，有的甚至干脆退化成一个个小突起，当它们将口盘伸展开时，特别像一片香菇。

炮仗花珊瑚：这种珊瑚还有个别名，叫橙杯珊瑚，红彤彤的鲜艳颜色让人特别想点燃它们。它们的骨架是管状结构的，每个管状的顶部外形都与星星相似，还都有分枝，伸展时，颜色呈桃红色。它们是极少数没有共生藻的珊瑚，需要海洋馆的饲养员用富含营养的海虾肉饲养。

尼罗河珊瑚：这种珊瑚有着丰富艳丽的颜色，柔软波浪般的触须全部展开时犹如一朵盛开的牡丹，非常美丽。但千万别被它们美丽的外表欺骗了，它们随时可用触须捕食小虾或其他小生物。

绿纽扣珊瑚：这种珊瑚是纽扣珊瑚中的一种，灰白色的身躯上长有绿色的触手花盘，晚间它们会将整个花盘蜷起来。它们很容易饲养，但有一定的攻击性，经常蜇刺其他珊瑚，所以饲养时需要与其他珊瑚保持足够的距离。

皮革珊瑚：这种珊瑚属于软珊瑚，没有枝干，贴着岩石生长，边上长有褶皱，看起来就像是折叠起来的皮革。晚上在水里吃东西的时候，它们便会露出花梗状的触须。它们有多种颜色，包括棕色、奶油色和深红色。

千手佛珊瑚：这种珊瑚有着无数条触手，生长在口盘周围的触手又细又短，生长在外围的触手则又粗又长。无论长触手还是短触手，质地都十分柔软，可随着水波摇曳，姿态非常优美。它们会分泌黏液，形成长达数十厘米的深色管鞘，一旦受到侵扰，便会快速地缩入管鞘中。

真真假假，猜猜看

如果你已经认真阅读了前两部分的内容，那么请看下面的故事，猜猜到底是真是假。

1. 珊瑚礁和珊瑚岛

开学后，雨林来的孩子向海滨来的孩子炫耀：“暑假我和姑姑去森林度假，我们住在树屋里，临走时我还在森林边种了棵树苗，20年之后它就会长成漂亮的大树，到时候我就可以建属于自己的树屋了！”海滨来的孩子说：“那不算什么！暑假我和爸爸去了珊瑚岛，临走时我在附近的海里种了株珊瑚。等它长成巨大的珊瑚礁，我就有自己的珊瑚岛了！”

请问，这两个孩子到底是谁在异想天开？

2. 无法实现的旅行

住在大堡礁的一只砗磲（chēqú，一种海洋贝类）和隔壁的一群珊瑚虫准备出国旅行。看门人拦住了他们：“抱歉，按最新规定，你们不能从大堡礁这里带走任何生物体，否则要被罚款。”砗磲和珊瑚虫们纷纷表示，自己连只小虾米都没带。看门人为难地看了看他们：“但是，你们的衣服和骨头，都包括在禁止携带物之内啊。”

这是看门人故意刁难吗？他说的是不是真的？

3. 珊瑚的愿望

新年到来，神允许海洋里和陆地上的生物各许一个愿望。神问海洋派出的代表——生活在深海的珊瑚虫：“你的愿望是什么？”珊瑚虫说：“淹没地球上三分之一的陆地，让海族统治地球！”神回答：“……太难了，换一个。”

珊瑚虫考虑了一下，又说：“那就一年之内，让所有的珊瑚都长大30厘米。”神沉默了很久，回答道：“……还是让我想想怎么淹没陆地吧……”

你觉得这个故事有没有逻辑错乱的地方呢？

4. 从妈妈身上长出来的！

魔鬼鱼夏洛特有位特别的朋友——珊瑚虫小鹿，她的姐姐南沙也有位特别的朋友——住在海边的人类小女孩哈莉。一天，南沙对妹妹夏洛特说：“哈莉告诉我，她问妈妈自己是怎么生出来的，她妈妈居然骗她说‘你是从我身上像树枝一样长出来的’，真是太可笑了！怎么会有从妈妈身上长出来的孩子？”夏洛特惊讶地瞪大了眼睛：“可是，小鹿就是从她妈妈身上长出来的啊！”

猜猜看，到底是哪个妈妈在骗孩子呢？

（答案见下页）

1

种植珊瑚礁的计划是真的！有个科研小组正专门实施“把受损或遭破坏的小珊瑚移植到更适合生长的海域”这个计划，一些海滩酒店也在尽力鼓励自己的顾客掏腰包种植珊瑚支持环保。

至于那些巴掌大的小珊瑚，到底什么时候才能长成一座岛？让我们来做道算术题：生活在浅海的造礁珊瑚，是珊瑚里长得最快的傻大个。不过就算是傻大个儿也不可能一口吃成个胖子，每年能生长 10 厘米至 20 厘米，就已经算是好成绩啦。所以结论就是：你种下一株珊瑚，等你孙子的孙子的孙子出生……还是不可能变成珊瑚岛！

2

如果你在课本里读过“在海滩上捡贝壳的孩子”，千万别傻乎乎地照着做。世界上有不少地方，比如澳大利亚、马尔代夫，已经把“把捡到的贝壳、珊瑚从海滩带走”写进了罚款条例。从美丽的大堡礁带一袋贝壳回家？先准备好比机票更贵的罚款吧。另外“禁止捡碎珊瑚、贝壳”还有一个重要的原因，白沙滩的组成物其实就是珊瑚和贝壳的碎屑，如果你不希望白沙滩消失，那么还是让那些“对大海有用但对你真没什么实际用处”的小东西乖乖留在原地吧。

3

要知道，深海中的有些非造礁珊瑚每年最多生长 1 厘米，有些甚至只能长出三四毫米。这些深海珊瑚长得很慢，原因是珊瑚虫的寿命特别长，每只长大差不多都需要 10 年以上的时间，因此它们的生长速度肯定比不上一年就能变成“四世同堂”的热带浅海珊瑚虫。生长周期长，20 年只能长出不到一根烟的长度，算算看，长成 30 厘米左右高的珊瑚树，需要多少年呢？所以还是发洪水淹没陆地更容易些。偷偷告诉你，反正 1 万年前陆地就已经被淹过好几次啦！

想不到吧？珊瑚虫妈妈没有骗自己的孩子。

珊瑚虫当然可以用精子与卵子结合的方式生出新的小珊瑚虫来，但对这件事之所以没有太大的热情，是因为人家珊瑚只认团队不认家庭，住在一起的就算是一家人啦。

珊瑚虫的另一种生殖方式就是像树枝长新芽一样，从老的珊瑚虫身上慢慢长出一只新的珊瑚虫来。这其实和克隆的道理差不多，想想看，两只珊瑚虫，具有完全相同的基因，这事相当了不起吧？

猜对了吗？相信你是最棒的！

海底园丁海葵

海葵的故事

人鱼的花朵

大连圣亚的“珊瑚世界”里，搬来了几位新居民。他们的外形有的像一支羽毛笔，有的像拉拉队员手里的彩带，还有的像一大片怒放的雏菊……反正看起来跟珊瑚一点儿关系也没有，但他们却都在自己的水族箱外面挂出“珊瑚纲”的门牌。

“搬家居然还随身带着助手，真是太夸张了。”不少珊瑚虫对新来的家伙议论纷纷。

不过桔子觉得这件事和自己没什么关系，因为她的家族——橙杯珊瑚——是这里最受欢迎的明星。因为橙杯珊瑚全身都是明亮的橘黄色，伸出触手时就像一丛怒放的炮仗花，所以又多了一个“炮仗花珊瑚”的别名。不过桔子全家的个性向来都是温温吞吞的，和“炮仗”这个词似乎扯不上一点儿关系。

桔子正在满意地打量着自己的新家——这里最大最好的水族箱，然后舒舒服服地伸展开一圈美丽的橙色触手，耐心地等待饲养员送来早餐——虾肉碎末。但是，早餐没等到，却等来了一位怪模怪样的邻居。不对，准确地说应该是两位。

第一位身上长着上百条颜色鲜艳的绿色触手，在海水中随波摆动着，

显得华丽又优雅。而且，她刚被放进桔子所在的水族箱，就很不认生地自动占据了一处最醒目的位置。

另一位邻居是一条全身橙色带白条纹的小丑鱼，她和第一位邻居关系十分亲密，在那堆绿色触手里钻进钻出的，简直把那儿当成了自己家。

“你好。”绿色邻居举起十多条触手，十分热情地向桔子打招呼。

“好……”桔子呆呆地冲这个自来熟的家伙挥了挥触手。

“嗨！”小丑鱼突然从触手里露出她那可爱的小脑瓜来，飞快地插话，“我俩刚从印度尼西亚的浅海搬来，小绿是公主海葵，正式的名字应该叫‘壮丽双辐海葵’，不过我平时习惯叫她小绿。你是不是也同意‘壮丽双辐海葵’这个名字太长了？抱歉，占了灯光下的位置，反正看起来你们也不太需要强光，而小绿习惯待在光线好一点儿的地方……哦，对了，忘了做自我介绍，我是小绿的共生鱼，你可以叫我哈尼，还请多多关照哦！”

“啊？”桔子被她飙车一样的语速搞蒙了。

“对了，小绿还是你们的亲戚呢！”小丑鱼说完，就又把脑袋迅速缩回了一堆触手里。

“你真是我们的亲戚吗？”和桔子住在一起的兄弟姐妹们好奇地伸出触手。

“我知道，我知道！”一丛摇曳的粉色“绣球花”抢着回答。他们是住在水族箱南边的花伞软珊瑚一家，因为“绣球花”曾经在一个研究所里跟科学家们混过一年，所以总显得比其他珊瑚见多识广。

“是真的，她和海葵家的关系，应该比我们还要近一些呢。我们八放珊瑚都只有 8 条触手，桔子家是六放珊瑚，触手是 6 的倍数，新来的傻大个儿应该也一样，不信你可以数数看。”“绣球花”说。

隔壁水族箱里的一群气泡珊瑚用怀疑的眼神望着这个花枝招展的远亲：“她看起来可不大像珊瑚……”

不过看看他们那圆滚滚的半透明气泡一样的身体，几条神仙鱼马上就嘲笑道：“难道能比你们这些胖嘟嘟的家伙更不像珊瑚吗？”

桔子一家的触手都不长，她随便拉过身边的海葵兄弟花冠一样的头部清点起来，很快就有了结果："8个6条！"

"等等，我还没数完呢……"公主海葵还在痛苦地分辨自己水草一样纠缠在一起的长触手。

"12个6条！"小丑鱼又冷不防钻出来，"我早数过了。"

"看，我说得没错吧，她和海葵真的是亲戚哟！""绣球花"为自己的知识渊博而得意洋洋，又用触手指了指对面的水族箱，"你们可不要以貌取珊瑚呀。看！那边的海鳃家族也是我的亲戚呢。"

好像一根竖起的大羽毛一样的海鳃一家轻轻动了动触手，彬彬有礼地向所有邻居鞠了个躬。

虽然认识新亲戚是件开心的事，但小绿和哈尼的到来，还是引起了水族箱里不小的骚动。要知道绿色公主海葵和活泼的小丑鱼，这样的组合是很吸引游客眼球的，听说她们还参与过一部著名的迪士尼动画片的演出，叫什么《海底总动员》，所以每天都会有小影迷尖叫着来看他们心目中的大明星。

桔子在"珊瑚世界"中的明星宝座开始变得不那么稳固了。

"海底又不是只有公主海葵和小丑鱼。"匍匐珊瑚有点儿酸溜溜地说。毕竟和耀眼的小绿比起来，永远趴在沙地上的他们实在不怎么起眼。

不过像桔子家这种温吞的性格，才不会把争夺观众眼球的想法放在心上，而且，长期住在"珊瑚世界"里的桔子，偶尔也会觉得这种平静的生活有些太无聊了，从外面搬来的小绿和哈尼正好是很好的聊天伙伴。

“知道我们为什么会搬到这里来吗？”小丑鱼在小绿有毒的触手间灵活地游进游出，“我们以前住的蓝色珊瑚礁一直都很平静。但最近这几年来了很多人类，在我们家附近潜水，给我们拍照，甚至还会带一些食物来喂我们。我猜多半是因为看了那部电影。”

“难道你们俩不喜欢热闹吗？”桔子反问道。

小绿摊开触手：“一开始还不错，但时间一长，越来越多的鱼聚集在周围，海水的味道也变得有点儿奇怪了。”

“对了，人类把那叫环境污染！”小丑鱼生气地说，“他们自己喜欢呼吸新鲜空气，却跑来把我们的海水搞得那么难喝。这还不是最糟的，有一次一个人类还想伸手碰我们身边的珊瑚，还是小绿勇敢地伸出触手教训了他一下。”

公主海葵认为这个教训已经足够了，因为后来她再也没见这个人类出现。

“不过就算这样，我们俩也没打算要搬家，毕竟从我爷爷的爷爷的爷爷起，就和小绿的爷爷的爷爷的爷爷一起住在那块珊瑚礁上了。但是有一天，一个家伙偷偷来到我们的海域，居然想抓我们去卖钱！小绿差点儿被憋死在一个水桶里，我也被折腾得半死不活，后来我们好不容易被科学家救下来，把我们送到‘珊瑚世界’来啦。哟呵，好像是今天的点心来了，回头再聊！”

喋喋不休的小丑鱼飞快地游过去，接住饲养员送来的虾肉，并把食物带回那团绿色的触手里，和小绿一起分享去了。

桔子也觉得有点儿饿，就用触手抱起身边的一团肉末，缩回管子一样的身体里，一边慢慢消化，一边懒洋洋地睡着了。

“珊瑚世界”的生活安稳得有些无聊，每天都是睡觉的大好时光。今天刚睡到一半，桔子就做了一个梦，她梦到人类不停地向海里扔食物，引来好多鱼类聚集在珊瑚礁周围，那些鱼发起疯来，连一些小个子的珊瑚虫都不放过。而她自己则被困在又酸又涩的海水里，呛得喘不过气来，想喊救命，却看到一只大手无情地向自己伸来……

被梦吓醒的桔子想了很久，最终做出了一个决定：如果以后自己也有机会拍电影，一定要把爱护海洋的事跟人类好好讲一讲。

海葵与人类

海葵非常美丽，仿佛一朵朵盛开在水中的鲜花，它们常常被人类选为水族箱中的华丽装饰物。海葵就像一个辛勤的园丁，把海底小花园装饰得生机盎然。除此之外，海葵和我们人类还有什么关系呢？

想不到吧，海葵和人类可是近亲哦。

海葵基因测试

2007年，美国科学家测定了海葵的基因组。他们发现，该基因组的复杂程度简直超乎想象，并且与包括人类在内的脊椎动物有很大的相似性，这一成果可能会更新人们对物种进化的认识。研究人员发现，海葵的基因组包括4.5亿个碱基对和18,000个蛋白编码基因。

通过对比海葵与其他已知物种的基因组序列，研究人员推测并重建了新元古代后生动物的基因组特征，而新元古代后生动物则被认为是除海绵外的其他多细胞生物的祖先。科学家发现，

新元古代后生动物全基因组中的80%明显是真菌、植物和其他真核生物的同源基因，其余的20%则是新元古代后生动物所特有的，它们负责信号转换、细胞通讯、胚胎发生以及神经和肌肉的功能。科学家认为，整个动物王国有一个基础的“工具箱”，它赋予所有的动物一种统一性，因而，我们所居住的地球上的动物不管怎样千奇百怪，都能找到共同点。

进一步的研究表明，人类与海葵等现代动物有三分之二的基因源自它们的新元古代后生动物祖先，人类和海葵的基因结构十分相似，所以，从这个特定角度来看，我们和海葵还是亲戚呢。

海葵的“毒”法宝

1980年，我国有关单位在民间普查时发现了沿海渔民使用海葵治病的情况。他们在舟山黄龙岛采集了纵条矶海葵进行了一系列药理学实验，发现海葵毒素是非常有价值的生物活性物质。

民间认为海葵有“滋阴壮阳”的补益功能，能镇静、止咳、降压、抗凝、抗菌、抗癌、兴奋平滑肌，甚至还有“通乳下奶”的作用，所以海葵又被称为“石奶”。

现代科学研究也渐渐证明了民间看法的正确性：科学家们发现套膜海葵中含有神经毒性物质，大花海葵的内酯有抗生素的作用，从猫海葵中提取的蛋白类有抗组织胺作用，从毒海葵中分离出的海葵毒素有明显的抗癌活性和强心作用……

瞧，海葵浑身都是宝贝呢！

谁是海葵

海葵和珊瑚是两种不同的生物？答案是“NO”。

虽然名字完全没有关联，而且海葵也不会分泌碳酸钙，更别提造出珊瑚礁了，但海葵千真万确是珊瑚大家族的一员！

海葵一般都是不分泌碳酸钙的单体珊瑚，个头比较大，有6条触手，或是6的整倍数，在口的周围排列成从大到小的圆圈，内圈的触手先长出来，尺寸比较大，外环的触手后生长出来，尺寸比较小，它们在海水中舞动的样子就像一朵葵花——这就是“海葵”这个名字的由来，其实并不是所有的海葵都长得像葵花。

海葵的触手上布满刺细胞，用来御敌和捕食。大多数海葵用基盘，就是它不开口的那一端，把自己固定在珊瑚礁或岩石上。有时它们也能缓慢移动，少数海葵还会把自己的基盘埋在沙子里。

不同种类海葵的形态、颜色甚至体形都不相同，但它们一定会有几个相似点：身体像车轮的辐条一样辐射对称，躯干是桶形，身体上端有

一个开口，也就是海葵的嘴巴，嘴巴旁边有触手。触手除了起到保护作用外，还可以用来抓紧食物。如果你用放大镜观察，就会发现海葵的触手上面还有很多微小的倒刺。

☞海葵属于动物界珊瑚纲中六放珊瑚亚纲下属的海葵目和角海葵目，族谱复杂。海葵目的家族成员看上去好像海洋里绽放的花朵，但它们和其他珊瑚虫一样，都是靠触手抓小生物为食的捕食性动物。

☞海葵总是一副软绵绵随水漂动的姿态，因为它们确实是个没骨头的家伙，既没有脊椎，也不像大多数珊瑚虫那样拥有骨骼。所以它们需要找个稳固的“靠山”才能生活，比如让自己扒在岩石或其他珊瑚的骨骼上。

☞有些海葵是会动的！虽然移动的速度可能比乌龟还要慢，但至少不像大多数珊瑚那样，被自己的骨头限制在一个地方上千年。如果对居所不满意，海葵还可以在小范围内选择自己喜欢的地方住下。还有些海葵能依靠触手在水中游泳呢，比如管状角海葵。

☞猜一猜，海葵和乌龟谁更长寿？乌龟？你猜错了！海葵可是世界上寿命最长的海洋动物之一。科学家曾经采用放射性同位素确定年代的技术，对三只采自深海的海葵进行年龄测定，结果发现这几位海底老寿星竟然已经有1,500岁至2,100岁高龄了，如果不出意外的话，它们还可以继续活很久。看，它们完全称得上地球生物中盛开时间最长的“海洋之花”了吧。

☞和大部分喜欢成群结队住在一起的珊瑚虫不同，每只海葵都是一个独立的个体，换句话说，你也可以把一只海葵看成一只大块头的珊瑚虫。比起前面提到的红珊瑚虫和造礁珊瑚虫，能长到半米甚至一米多长的海葵，绝对算得上是海中不折不扣的巨无霸。

海葵不仅喜欢独居，还个个都是用毒高手。海葵触手上的小倒刺可不是白长的，都带着毒呢，被抓住的小鱼小虾会立刻被毒倒，根本无法逃走。

既会自己制毒又会用毒的海葵，就算加入四川唐门（又称唐家堡，以用毒而闻名天下）也够资格了吧？

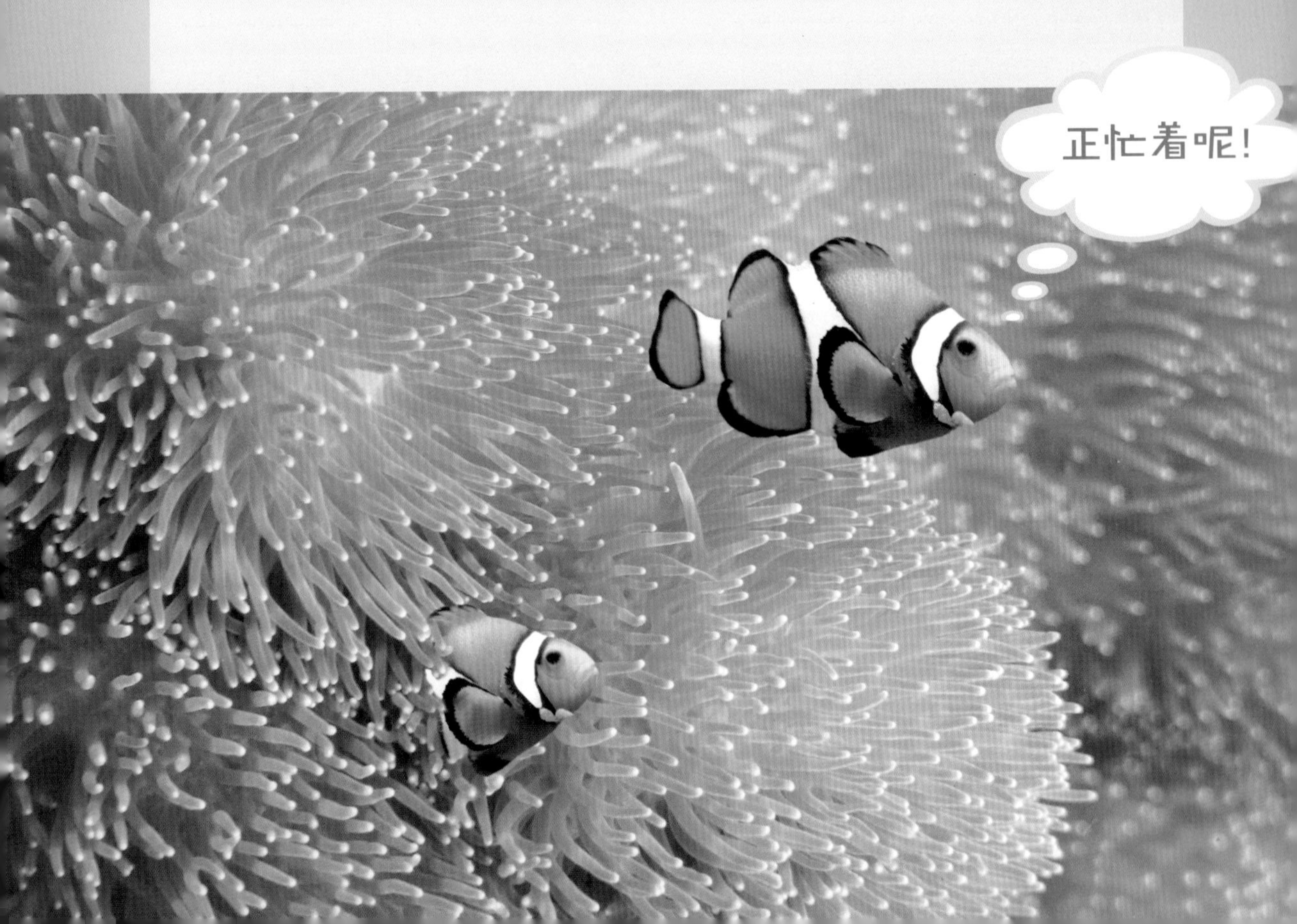

记住，海葵可不是什么吃素的家伙！它们可是不折不扣的肉食性动物，那些带毒刺的触手不光能抓住浮游动物和小虫，还能捉到鱼和贝壳这些稍大点儿的猎物。而且它们还会自己分泌毒液，就算是人类被刺一下也要难受半天。所以一定要管好你的手，千万不要随便碰这些带刺的“鲜花”！

☞海葵一般都很矮小，身长只有2.5厘米至10厘米。但有一些则非常大，甚至可以长到1.8米。

☞寄居蟹有时会把海葵背在背上作为伪装，多数时候，海葵也很喜欢这种坐在蟹壳上的免费旅行。当然了，寄居蟹驮着海葵也是有好处的，这样的话，它们就可以用海葵的毒触手保护自己！当寄居蟹要换外壳的时候，它们还会非常聪明地把海葵从旧的外壳上再推到新的外壳上去，真是对不离不弃的好伙伴啊！

☞和许多珊瑚一样，海葵体内也有共生的藻类，能进行光合作用，也能顺便为它们提供五颜六色的“衣服”。白天它们通常会展开触手，让体内的虫黄藻懒洋洋地晒太阳，到了夜晚才会打起精神，正正经经地捕捉猎物。

和海葵一起生活的朋友们

别看海葵“下手狠毒”，但那只是对待敌人和食物，它们对朋友可不是这样，海葵甚至还有不少共生的伙伴呢。

对海葵有毒触手免疫的小丑鱼总是生活在海葵旁边，甚至藏在触手丛里，海葵的毒刺不仅可以保护它们，还能帮它们引来食物。

雀鲷这类珊瑚鱼能帮助海葵清理触手，甚至还能赶走入侵者。

还有一种叫拳击蟹的动物，它们的螯各持一只海葵，就像戴着拳击手套的拳击手一样勇猛无敌，另外还可以用这两只海葵伪装、保护自己。不过这么一来，“手”就全部被占满，只能用脚来吃饭了。

对敌人凶狠，对自己人友好，你喜欢海葵这样的朋友吗？

和海葵相媲美的海洋之花——软珊瑚

软珊瑚是软软的珊瑚。海葵也是软软的，那海葵是软珊瑚吗？答案是“否”。

软珊瑚属于软珊瑚目，是八放珊瑚亚纲下的小家族、珊瑚纲的美丽之花。

软珊瑚这个群体有各种各样的形态——块形、蘑菇形、水泡形，还有宛如花草的分枝植物形等等。它们的颜色也非常美丽，常见的有红、橙、黄、绿、紫、褐等等。共同的特点就是：每个小水螅体上，触手都刚好是 8 条。长了一大堆触手的海葵没有资格加入这个家族。

☞软珊瑚也是群居爱好者，一群软珊瑚的根叫作“柄部”，上面的花冠被称为“冠部”，布满触手的水螅体珊瑚虫们都把下半身连在一起。

☞有些软珊瑚上半身的触手可以伸出来又缩进去，比如软珊瑚属下的品种。但有些群体上面的水螅体则不能收缩，像异花软珊瑚属的成员（比如前面故事里提到的“花伞软珊瑚”）就是这样。

☞别看它们柔软到可以随水摆动，但那软绵绵的身体里可是有钙质骨头的哟！不同种类的软珊瑚，骨头形状也各不相同，有长纺锤形、棒形、疣或疣状分枝形，甚至还有圆圆的蛋形！不少软珊瑚都是造珊瑚礁的高手，海底花园的建造离不开它们的辛勤工作。

海洋馆里的海葵

在大连圣亚的“珊瑚世界”中，有代表性的海葵有如下几种：

紫点海葵：这种海葵颜色非常亮丽，足部呈圆盘状，上面有小红斑点点缀着。身体呈黄色，有48条短胖的触手，每条触手顶端都有紫色的小肉突，中间部分则有一个明显的环带。

地毯海葵：这种海葵体形较大，满布触手，口盘边缘曲折环绕，非常容易辨认。它们的螯刺很厉害，是少数能对人类造成较严重伤害的海葵，所以一定要小心。

长须紫地毯海葵：这种海葵与地毯海葵看起来非常相似，满布触手。长须紫地毯海葵的口部有不太明显的波浪形边缘，全身伸展时，边缘或多或少会有一点儿卷曲。

伪装天才珊瑚的房客

珊瑚房客的故事

海底美容诊所

夏洛特跟着家人，从遥远的中国南海，搬到了澳大利亚附近的大堡礁。他们一家的旅行方式相当酷，排成一队，张开双“翼”，随着洋流，飞速地在海中滑行。

你问他们为什么不坐飞机？他们才看不上那种无聊的交通工具呢。

这一家子在户口簿上的名字叫作“蝠鲼”，但人类更爱叫他们“魔鬼鱼”，因为他们长得像一只拖着长尾巴的巨大蝙蝠，相貌有点儿恐怖。而事实上呢？全太平洋都知道，蝠鲼家的成员个个性情温和又活泼，除了偶尔喜欢搞点儿恶作剧外，真是再好不过的邻居了。

夏洛特觉得人类有时太“以貌取鱼”了。不过她更担心自己不能适应新家的环境。

夏洛特一路跟随在姐姐的尾巴后面，风尘仆仆地在太平洋里游了四个多月，历经几千公里的海路，终于来到了美丽的大堡礁。看到眼前的景色，她一下子惊呆了。

大堡礁是海洋中的奇迹，海洋生物们最伟大的居住地之一。它在海下绵延 2,000 多公里，全部由巨大绚烂的珊瑚礁组成，无数色彩缤纷的海洋生物在珊瑚和海葵的花园中穿行，繁忙得让人眼花缭乱，却又井然有序。

夏洛特曾经居住的地方也遍布着美丽的珊瑚，但这样壮观的珊瑚礁群她还是第一次看到。

一到目的地，爸爸就去向一条黑黄条纹的小鱼打听了一下，带着

全家向一片绚丽的珊瑚丛游去。

“我们去干什么？”夏洛特茫然了。

姐姐用尾巴轻轻地抽了傻呆呆的妹妹一下：“游了这么远的路，难道你身上没有一点儿不舒服吗？”

“不舒服极了！”

夏洛特蹭蹭肚子上几道有点儿痒的伤口，点点头（其实他们一家全都没有脖子，“点点头”就是晃晃尾巴）。伤口是和路上遇到的鲨鱼打架弄的，因为没有及时治疗，周围的皮肤已经发黑了。

“所以我们当然是去检查身体呀！”姐姐欢快地向上一冲，跃出海面，在空中翻了个身，还对站在悬崖边拍照的游客们得意地摆了摆双“翼”，赢来一阵尖叫，然后兴奋地顺势冲进水里，飞速滑向珊瑚礁深处。

于是，可怜的夏洛特就这么被忘在了原地。她决定四处转转，进行一次属于自己的探险，不过夏洛特很快就在一片像红色树林的高大珊瑚丛里迷失了方向。

“喂，喂！大鱼！”

谁在叫自己？周围有两米长的蓝色厚嘴唇怪鱼，有长满黑色条纹的艳丽蝴蝶鱼，还有浑身像长满了海草叶子的小海马。

夏洛特仔细寻找了半天，才发现细细的声音来自红色珊瑚树枝，那上面有一只微型蒲公英似的小珊瑚虫。

“你从很远的地方来吗？”

夏洛特点点头。

“旅行好玩吗？”

“好玩极了！我和家人游了很远很远，大概有一整个大堡礁从头到尾那么长。”夏洛特用力伸开双“翼”比划什么是“那么长”。

“听起来很有趣。”珊瑚虫羡慕地望着她，“我刚出生的那几天曾在附近漂游过，但后来定居了，就再也没挪动过。”

“你的珊瑚枝很轻，也许我可以帮你搬家。”夏洛特好心地建议。

“那可不行，”珊瑚虫拍拍身下硬邦邦的珊瑚枝，“这是我们祖先的骨头，我们住在祖先的身体上，最终也会死在这里，留下自己的骨头，给下一代居住，一辈又一辈，从没有谁离开过，这是世界上最美的骨头。”

说完，珊瑚虫骄傲地甩了甩嘴边的一圈触须：“我是这片的头儿，有什么事都可以来问我。”

听到这话，夏洛特高兴极了：“那你肯定知道美容诊所在哪儿。”

“那当然，”珊瑚虫指了指右边一丛珊瑚，它们看起来像开满杂色花朵的魔法灌木丛，“就在那边。不过你要先等一下。”

夏洛特很听话地等在一边。

“喂，喂，小蓝条！”珊瑚虫拦住一条身上带一道黑带花纹的银蓝色小鱼，“这是新来的朋友，帮个忙，带她去这片儿的美容诊所。”

小蓝条是条和气的清洁鱼，他夸张地立起来，用鳍敬了个礼：“没问题！保证完成任务。”

夏洛特原来住的地方也有帮其他鱼清洁身体的鱼医生，但颜色和外形都和小蓝条不太一样。

“我们那儿也有鱼医生，他们也住在珊瑚礁里，和你的身材差不多，但长得有点儿不一样，他们身体是黑色的，头顶到尾巴有一道很漂亮的蓝色条纹。”夏洛特认真地给小蓝条描述着。

小清洁鱼咧开嘴笑了：“每片珊瑚礁的清洁鱼不管属于哪个种类，都会穿上一身漂亮的条纹外衣作为医生制服，这样有求医需要的患者就能一眼认出谁是医生了。”

夏洛特跟在小蓝条后面，七拐八弯地绕到珊瑚丛深处一片美丽安静的花园里。奇妙的蓝色珊瑚礁墙壁把空间分割成几部分，中央的一艘沉船上附着一簇簇摇曳的海葵和软珊瑚花朵，红色柳枝和白色鹿角是每个小隔间最特别的装饰雕塑，穿着整齐制服的鱼医生在隔间中穿梭，五光十色的珊瑚鱼游弋在海草和珊瑚礁间。

“妈妈！”眼尖的夏洛特一下子就发现了正在接受皮肤清洁治疗的家人。几个身着黄黑色条纹制服的鱼医生正围着他们。

“现在我们的鱼医生数量不够，”一条穿黄黑色条纹制服的清洁鱼游过来，他是这家美容诊所的所长，“小蓝条，既然是你带来的客人，就由你来负责主治吧。”

“好啊，好啊！”小清洁鱼乐得直蹦。

夏洛特更是一点儿意见都没有，她把鳍一摊，让自己全身放松。小清洁鱼用自己有力的小嘴，快速地在魔鬼鱼宽大的身体上啄来啄去，咬掉坏死脱落的皮肤、伤口周围的死肉、附着在鱼身上的寄生虫，然后再一口吞进自己的肚子。虽然听上去有点儿恶心，但这可是清洁鱼家族最爱的小吃。

“你的制服颜色为什么跟刚才那位医生不一样？”夏洛特觉得身上一阵阵轻微的酥痒还挺有趣的，她一边享受全面的身体治疗，一边和小蓝条聊天。

“穿黄黑色条纹制服的是老员工，穿蓝黑色条纹制服的是像我这样的实习生。”小蓝条一边说话，一边小心翼翼地咬下一只寄生虫，“等半个月后，我再长大一点儿，就可以换上黄黑色条纹制服啦！不过你肯定猜不到，刚才说话的那条鱼原本是个女的，一个星期前才变成男的，当上了我们这一带美容诊所的所长。”

小蓝条说起八卦来开始有点儿兴奋，清洁的动作逐渐慢了下来，惹得后面排队的几条鱼纷纷表示不满。

“喂，不能快一点儿吗？刚吃了一只海兔子，牙齿被残渣弄得都快难受死了。” 一条穿着时髦豹纹外套的大海鳝，着急地在一旁用尾巴拍打着海水。

夏洛特还从来没见过这么长的豹纹海鳝，不过虽然他的语气听起来很急，但却丝毫没有不礼貌的举动，完全看不出来这是个生起气来连人类都会袭击的暴躁家伙。

大鱼吃小鱼是海洋生物们的生存法则，但只要来到鱼医生的美容诊所，无论是露出一口凶悍牙齿的鲨鱼，还是体形硕大的苏眉鱼，都一脸和气，任由这些鱼医生在自己身上忙碌。

“马上就好。”小蓝条急匆匆地完成了手头儿的工作，抱歉地游到夏洛特身边，小声说，“明天我可以抽空带你去拜访一下鹿角珊瑚下面的龙虾一家，他们每天出去猎食可有趣了，记得再来找我玩哟！”

夏洛特点点头，挥着双“翼”向他告别，跟在爸爸妈妈的身后游走了。

现在夏洛特一点儿都不担心自己不能很快适应环境了，她觉得这个新家简直棒极了！

珊瑚礁与人类（二）

全球的浅水珊瑚礁，面积大约有284,300平方公里，只占整个海洋面积的0.09%。但在这0.09%海域里生活的海洋生物，却占了所有海洋生物总量的四分之一。因此，珊瑚礁又被称为“海洋中的热带雨林”，是整个地球上生物种类最丰富的生态系统之一。

整个珊瑚礁是一套奇妙精密的生态系统：珊瑚靠捕食海水中的浮游生物获得养分，而由它们的骨骼形成的珊瑚礁使藻类附着生长，就这样，珊瑚礁日益繁茂起来。鹦鹉鱼喜欢吃生长在珊瑚礁上的藻类，它们坚硬的嘴甚至可以咬碎珊瑚；蝴蝶鱼负责吸引大鱼，大鱼的粪便等又为浮游生物提供了食物。通过对珊瑚礁生物习性的记录，科学家正尝试着勾勒出珊瑚礁生态系统完整的能量循环图谱，以便将来采取有力措施保护这个脆弱而神奇的生态圈。

1987年9月，潜水员在波多黎各西南海岸第一次发现珊瑚礁出现神秘的白化现象，自此全球海洋生物学界的专家都开始关注珊瑚礁的存亡问题。珊瑚礁的消失将破坏整个海洋生态系统的平衡，最终会影响到包括人类生活的陆地在内的全球环境。1994年，国际珊瑚礁对策组织成立。1995年建立起政府级的全球珊瑚礁监测网络，并出版了全球珊瑚礁状况评估报告，建立了全球珊瑚礁数据库。从1997年起，在拥有珊瑚礁的国家，每年都开展全球性的珊瑚礁潜水考察。珊瑚礁生态系统的研究已经成为当今世界最热门的研究项目之一。

小朋友们，珊瑚礁检测、珊瑚礁恢复、大面积的珊瑚礁遥感等等可都是非常热门的科学研究课题，以后，希望你们也能加入哦。

珊瑚海联邦海洋保护区

澳大利亚政府将建立世界最大的海洋保护区。这个保护区位于大堡礁东部，面积大约99.7万平方公里。

保护区将环绕珊瑚海偏远地区的珊瑚礁、古海绵园、深海峡谷和海底火山纳入其中。生活在这里的鲨鱼等大型海洋动物以及金枪鱼和长嘴鱼等鱼类将从此受到保护。美国国家地理学会常驻探险家伊恩里克·萨拉在接受电子邮件采访时表示：“珊瑚海海域拥有丰富的生物和健康的生态系统。设立保护区有助于保护珊瑚海独特而庞大的生态系统，具有不可估量的价值。”

保护区还将保护数量众多的小型沙岛和沙洲，因为它们是包括红脚鲣鸟、燕鸥和军舰鸟在内的海鸟重要筑巢区。与大堡礁这个著名的邻居相比，珊瑚海的珊瑚礁规模较小，也较为分散。但与大堡礁海域相同的是，这里同样是世界各地的水肺潜水爱好者的天堂。

数百米高的“珊瑚墙”是珊瑚海的海底奇观之一，它的四周被规模庞大的鱼群环绕，景象十分壮观。作为潜水爱好者的乐园，珊瑚海的水下能见度为 35 米。

珊瑚海保护区东半部分将被设为一个“禁区”，禁止捕鱼，但可以发展潜水旅游业。整个保护区都不允许进行石油和天然气勘探，破坏海床栖息地的捕鱼设备也将被严令禁止。

谁是珊瑚的房客

在印度尼西亚、菲律宾、巴布亚新几内亚和所罗门群岛之间，是一块呈三角形的巨大海域，面积差不多有 1.8 万平方公里，这里就是珊瑚礁三角区，在这个区域内，生存着种类繁多的珊瑚。有些生物专家甚至认为，珊瑚礁三角区可能就是“生命起源的中心”。不管这个猜测是不是真的，它确确实实是海洋生物多样性的中心地带，几乎囊括了地球上四分之三的珊瑚和鱼类品种！

珊瑚礁生态系统的常住居民包括：2, 500 多种珊瑚礁鱼类，700 多种造礁珊瑚虫和一些非造礁珊瑚虫，大量的海中植物，还有多种无脊椎动物、腔肠动物。

珊瑚礁就像是一个小的生态王国，吸引着众多的海洋生物安家落户。科学家们估计，一片珊瑚礁至少可以养育 400 种鱼类。在弱肉强食的复杂环境中，一些珊瑚礁居民学会了变色和伪装等技能，目的就

是使自己看起来与周围的珊瑚相似，靠“以假乱真”来赢得生存的一席之地。接下来就让我们认识一下这些珊瑚的房客们吧。

☞侏儒海马：珊瑚丛里的著名“伪装大师”，它们还有一个非常可爱的别名——豆丁海马。当它们藏身在珊瑚丛里时，无论是鱼还是水下摄影师，都很难准确地找到它们。

☞缀瓣吻鲉：同样是珊瑚丛里的“伪装大师”，它们常常和背后的珊瑚礁完美地融合在一起，令人无法分辨。由于伪装得实在太成功了，因此还得到了“隐居吻鲉”的称号。

☞魔鬼鱼：魔鬼鱼的学名叫蝠鲼，它们拥有和恐怖外貌极不相配的温顺性情，甚至喜欢潜水员用手抚摸自己，所谓“魔鬼面孔天使心”，大概说的就是蝠鲼吧。蝠鲼虽然有着蝙蝠形的巨大身体，但却优雅得不可思议，不管是流畅优美的水下舞蹈，还是充满活力的水上跃起，都是引人入胜的景观。

蝠鲼这个名字，从生物学上说，是很多种类蝠鲼的统称，不过无论哪种蝠鲼，其身体都是扁平状的，有强大的类似翅膀的胸鳍，这样的身材方便它们在海洋中巡游。蝠鲼胸鳍前有两个薄而窄的像耳朵一

样的突起，这两个突起可以帮助它们往口中收集食物。别看它们都是大块头，但其实和鲸鱼一样饮食简单。因为牙齿细小，蝠鲼主要以浮游生物和小鱼为食，别说吃人，就算是大一点儿的鱼虾，它们都吃不下去！

最大的蝠鲼当属巨型蝠鲼，这种蝠鲼展开双鳍足有10米长，体重能达到5吨！因此，虽然它们没有攻击性，但是在受到惊扰的时候，就算光靠个头和力量，也足以拍烂一艘小船。一旦它们发起怒来，只需用那强有力的“双翅”一拍，就会震碎人的骨头！还有一些种类的蝠鲼，尾巴上生有带剧毒的尖刺，那更是碰不得了。

蝠鲼喜欢在珊瑚礁附近巡游觅食，也会定期长途跋涉，从大洋的一端迁移到另一端。

☞侏儒虾虎鱼：毫无疑问，它们是最短命的珊瑚鱼了。你可能想不到，澳大利亚东部海岸大堡礁的侏儒虾虎鱼竟然是两项吉尼斯世界纪录的保持者！它们是世界上生长最快的鱼类，也是目前科学界发现的寿命最短的脊椎动物。

这种小个子珊瑚鱼的最长寿命居然不超过两个月，不要说和千年不死的珊瑚、海葵比，就算游到只能活30年的苏眉鱼面前，也会有种朝生暮死的感觉。真是“快速生长，寿命短暂”的典型。

☞苏眉鱼：世界上最大的珊瑚鱼。在很多大型热带鱼水族馆里，都能看到这种相貌奇特的鱼，在成年后它们全身会变成绮丽的蓝绿色，带着色彩艳丽的斑纹，如同斑马一样，眼睛上有两道不规则的黑色条纹，并长出标志性的突出厚嘴唇，所以也叫波纹唇鱼。它们的身体还会随着栖息环境的不同而改变颜色。

苏眉鱼主要的活动区域是东南亚、西太平洋及印度洋的珊瑚礁，最大的苏眉鱼全长可超过 2 米，立起来碰得到一般房间的屋顶，体重可达 190 公斤，寿命可超过 30 岁。

不过，苏眉鱼属于性情温和而又特别胆小的大个子，受到惊吓时，它们还会噘着厚嘴唇躲进珊瑚礁里。潜水员都很喜欢这种鱼，因为这位亲切的鱼美人甚至允许潜水者伸手抚摸。

另外，苏眉鱼还是某些人眼里的美食，可它们也是《濒危野生动植物种国际贸易公约》中濒危物种的一员。是要吃它们，还是要保护它们？如果是你的话，这个问题你会怎么回答？

☞裂唇鱼：珊瑚礁中的鱼类美容师。动物中有犀牛和犀牛鸟这样奇特的关系，鱼类也一样。鱼类中的“犀牛鸟”主要是裂唇鱼和虾虎鱼。

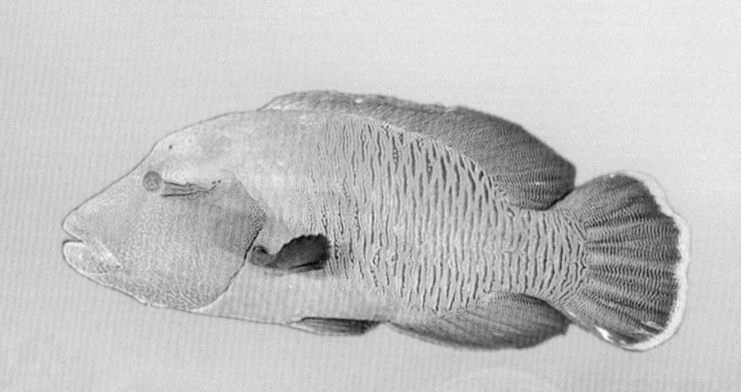

裂唇鱼是一种相当温和的肉食小鱼，幼鱼的身上为黑色而带有蓝带，长大后从头部开始变为黄色而带有黑带。身长只有 6 厘米至 10 厘米，有一张长嘴，奇怪的厚嘴唇，牙齿尖而利。这种鱼的拿手绝活就是在各种病鱼身上捕食寄生虫，并帮助病鱼清除身上的污垢，所以也被称为鱼医生，并深受其他鱼类的喜爱。

生病的鱼见到鱼医生的到来，都会温顺地让它们在自己身上捕捉寄生虫，甚至主动张开大口和鳃盖，让鱼医生进入自己的嘴里或鳃腔里，捕捉寄生虫并清除污物。就算是凶恶的肉食大鱼，对鱼医生也十分友善，从来不会伤害它们，甚至还会主动充当鱼医生的保护者呢！

每个珊瑚礁区都有几条裂唇鱼负责该地区其他鱼类的医疗工作，就好像城市不同区域的负责医院一样。

☞蓝灯虾虎鱼：它们也是鱼医生，在全世界范围内广泛存在，有很多不同品种。前面故事里提到的小蓝条，就是蓝灯虾虎鱼，也叫霓虹虾虎鱼或者清洁鱼。这种色彩艳丽的小鱼，通常只有 2.5 厘米左右的身长，一般以大鱼的寄生虫、黏液和食物碎屑为食，所以也是著名的鱼医生之一。一旦被凶猛的大家伙攻击，它们往往会殷勤地迎上前去，主动为对方打扫卫生。因此，再喜欢吃肉的海洋生物，在这种殷切的服务态度面前也会败下阵来。

不过，虾虎鱼的地盘观念超强，“内斗”时有发生，它们甚至会为了争夺地盘而杀死同类。神奇的是，雌虾虎鱼可能不会“一辈子做女孩”。虾虎鱼是雌雄同体的生物，在一群虾虎鱼里，只会有一条雄鱼当家。而万一家庭里唯一的雄性死亡，那么鱼群里最强的一条雌鱼，就会开始第二次发育，不过可不是长大长高，而是变成一条雄鱼。

所以不管在任何时候，一个蓝灯虾虎鱼的群里，必定有且仅有一条最强壮的雄鱼做领导。

☞珊瑚蟹：这是一种色彩缤纷的小海蟹，它们经常在珊瑚丛中窜来窜去，看上去十分有趣，但是珊瑚蟹其实是肉食动物。不过，不用太担心，它们只会依附在珊瑚上，吃一些小蠕虫之类的东西，依靠珊瑚为生，并且不会对其他和珊瑚共生的生物产生任何实质性的伤害。

但是必须注意，这些小可爱中，也有一些是可恶的骗子，它们看似无害，但却会吃掉珊瑚的身体组织。

☞豹纹海鳝：这是一种和鳗鱼同属性的海鳝，是珊瑚礁里凶猛的肉食动物。一身斑斓的豹纹可不是为了赶时髦，而是为了在珊瑚礁中隐藏自己，捕捉猎物。

☞神仙鱼：它们是珊瑚鱼中衣着最华丽的舞蹈家，生活在比蝴蝶鱼更深而且更暗的环境里，所以展现出的色彩也更加鲜明艳

丽。神仙鱼还是“鱼大十八变”的典范，它们在童年和成年时，样子和颜色完全不同，幼鱼和成年鱼甚至可能会被误认为两种鱼类。

神仙鱼的变色能力相当出色，它们的体表有大量色素细胞，在神经系统的控制下，可以展开或收缩，从而使体表呈现出不同的色彩。改变一次体色可能要花上几分钟，但有时仅需几秒钟。神仙鱼的尾巴上长有许多黑点，就因为这个，它们还被称为刺盖鱼。你知道那些黑点是用来干什么的吗？

小朋友们应该知道，很多种珊瑚鱼都有随着环境变色的本领，生活在五彩缤纷的珊瑚礁王国里，有这种“晃瞎敌人眼”的才能，也是保命的诀窍。而神仙鱼的伪装技术更不简单，它们用黑色粗纹把眼睛巧妙地伪装起来，尾巴上的黑点反而好像眼睛，如果不仔细看，很容易把它的头和尾搞混。遇到眼神不好的敌人来袭时，结果就像这样——想打我的头？错了，那是尾巴！

☞石斑鱼：这种鱼不喜欢远游，它们是珊瑚礁里的长住户，喜欢栖息在珊瑚礁的岩洞或珊瑚枝头下面。它们也是伪装高手，有多达八种体色变化，往往顷刻之间便可“判若两鱼”。石斑鱼具有与环境

相匹配的斑点和彩带，在洞隙中静观其变，遇有可食之物，便迅速出击捕捉猎物。

石斑鱼可是很会“钓鱼”的伪装高手。它们常年生活在珊瑚礁的海藻丛中，渐渐形成了保护色和拟态，看上去就像海草。平时它们把身体全部隐藏在海藻丛中，只露出由第一背鳍演变而成的吻触手，触手的顶端是穗状，就像小虫子一样动来动去，可以引诱小鱼小虾们上钩。

海洋馆里的珊瑚世界（一）

前面说了，珊瑚本身是很娇气的，海水温度、盐度稍不合适就会闹毛病，那么它们能不能人工饲养呢？答案是可以人工饲养。但是，小朋友们可别高兴得太早，珊瑚可是非常金贵的，不好养。要给珊瑚营造出一个逼真的海洋环境让它存活，几万元的开销根本不算什么，十几万元花出去也不一定够用啊。

据说，在所有水族箱的宠物里，珊瑚绝对是顶级的种类，这主要是从观赏角度、护理角度和价格角度得出的结论。因为珊瑚是水族里最好看、护理起来最困难、一次性投资最高的宠物。首先是运输困难，在运输过程中不能出任何差错，因为珊瑚虫是腔肠动物，伤口无法愈合，只要一碰就会死。其次是养珊瑚的水，必须是海水，水温必须控制在适当的温度，冬天要用加热棒保温。水质方面，则要注意水中的蛋白质、硝酸盐、亚硝酸盐、pH 值、氨氮、溶解氧等各方面是否充足而又均衡，若有养分不足的，要及时加以补充。

水族箱中，喜光的珊瑚会张开细小的触手迎着光线起舞，色彩斑斓的热带鱼在珊瑚丛中婆娑，这样的景象仿佛是微观的大海，十分美丽。

大连圣亚“珊瑚世界”的大水族箱中，与珊瑚一起生活、婆娑起舞的小动物们可不少，让我们快来认识一下都有谁吧。

黄高鳍刺尾鱼：这种鱼有鲜黄的体色，在珊瑚礁中十分显眼，主要食用藻类及浮游生物。

六斑刺鲀：这种鱼的背部有六个大黑斑，很好辨认。胆小的它们一受到惊吓，肚子就膨胀起来，身上的棘刺一根根竖起，看上去挺吓人。它们的内脏和血液都有剧毒，想吃它们的家伙可得好好想想。

环纹蓑鲉：这种鱼生了很多棕色横纹，鳍特别大，鳍棘细长，有剧毒。如果被它们刺一下，会感到非常痛，严重者还会导致呼吸困难，甚至晕厥。

公子小丑：这种鱼的身体上有很多漂亮的环带，橘红色的体色绚丽分明，泳姿摇摆奇特，它们还有个名字叫“小丑鱼”。因为它们喜欢依偎在海葵中生活，所以人们又称它们为“海葵鱼”。

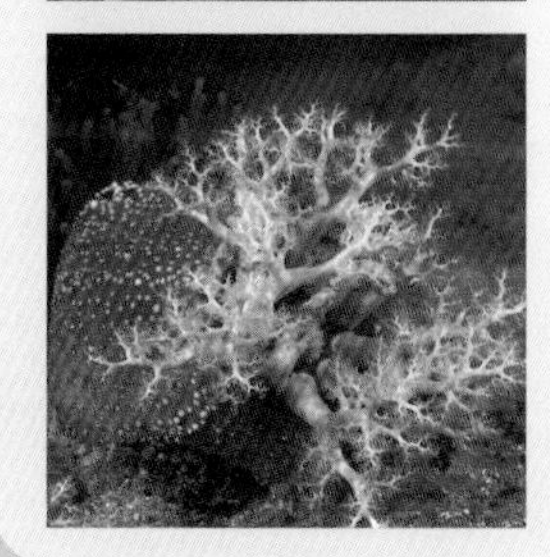

紫拟翼手瓜参：这是海参的一种，长相十分古怪，有很多微小的管足和花朵般灿烂的呼吸树，体色以红、黄、蓝三色为主。

寄居蟹：这种蟹常寄居于死亡的软体动物的壳中，以保护其柔软的腹部。随着蟹体的不断长大，它们还会寻找新的壳体。别看它们外表凶狠，性情却很温和。

蓝绿光鳃雀鲷：这是水族箱中最漂亮的鱼类之一，幼鱼身体呈淡蓝色，长大后就会变成黄绿色，喜欢成群活动、觅食，受惊时则会躲到珊瑚丛里去。

逍遥馒头蟹：这家伙长得圆圆的，样子憨厚，丝毫没有螃蟹家族天生的霸气。一旦遇到危险，能在极短的时间内潜入沙土之中。

双色草莓鱼：这种鱼身体上有紫黄两种颜色，前半部分是紫色，后半部分是黄色，是非常美丽的小型热带鱼。

颊纹双板盾尾鱼：这种鱼的尾鳍呈新月形，上下叶鳍条延长成丝状，有尖利的尾骨板，必要时可以作为防御武器。

心理测试

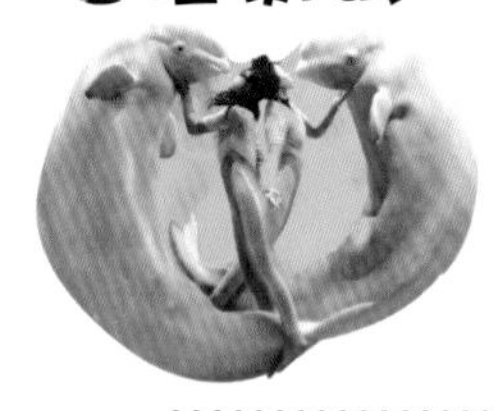

珊瑚王国探险记

1

你来到海边旅行，无意中认识了一条美人鱼，她说可以给你一种奇妙的药剂，让你在海底生活一段时间。药剂有三瓶：一瓶喝下去可以在海底待 8 小时，另一瓶喝下去可以待一天，最后一瓶喝下去则能待上一周。你打算接受哪一种？

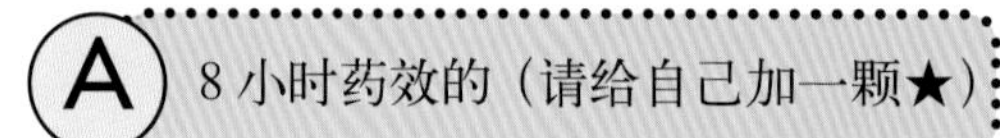

A 8 小时药效的（请给自己加一颗★）

B 一天药效的（请给自己加一颗❤）

C 一周药效的（请给自己加一颗☆）

2

来吧，你可以选择一种海洋生物作为你的坐骑，跟着美人鱼一起到奇妙的珊瑚王国去游历。你想要的坐骑是：

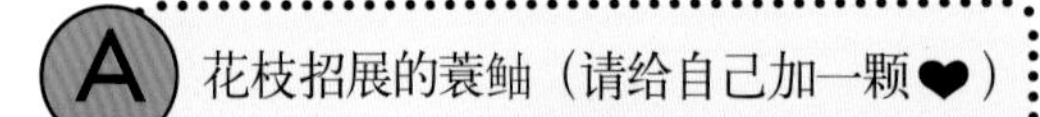

A 花枝招展的蓑鲉（请给自己加一颗❤）

B 憨厚美丽的苏眉鱼（请给自己加一颗★）

C 酷毙了的魔鬼鱼（请给自己加一颗☆）

3

你在幽深复杂的珊瑚丛里迷了路，美人鱼也不知去向，你该怎么办呢？（水里可没陆地上喊话那么方便哟）

A 站在原地等（请给自己加一颗★）

B 继续向前游，寻找美人鱼（请给自己加一颗☆）

C 沿途做记号，试着返回出发点（请给自己加一颗❤）

4

珊瑚王国的居民要送你一样礼物，你希望是下列哪种礼物？

A 能再次来珊瑚王国玩的详细地图（请给自己加一颗❤）

B 一株几千万年前形成的珍贵红珊瑚（请给自己加一颗★）

C 美人鱼的祝福，能为你增加 2% 的运气（请给自己加一颗☆）

现在来看看你属于下列哪种探险家？

壹

得☆最多的——你是位浪漫的探险家。

你是个浪漫的人，因此会勇敢地参加冒险。你很喜欢与众不同的东西，经常会冒出一些有趣的想法，周围的朋友大多都会被你闪闪发光的气质吸引，是个很好的前锋，就是有时兴奋起来不太靠谱。

贰

得★最多的——你是位现实的探险家。

比起漫无边际的冒险，还是现实一点儿比较好，大多数情况下，你就是这么想的。你做事踏实稳重，有点儿保守，但非常靠得住，适合做后援，是个可以被朋友放心委托重任的人。

叁

得❤最多的——你是位稳重的探险家。

你习惯做任何事都给自己留条退路，多一手准备总是好的。比如你要去太空，与其选择不安全的急速火箭，不如选择既能观光又稳妥的中速大型飞船。你是个会准备更多、非常稳妥的同伴。

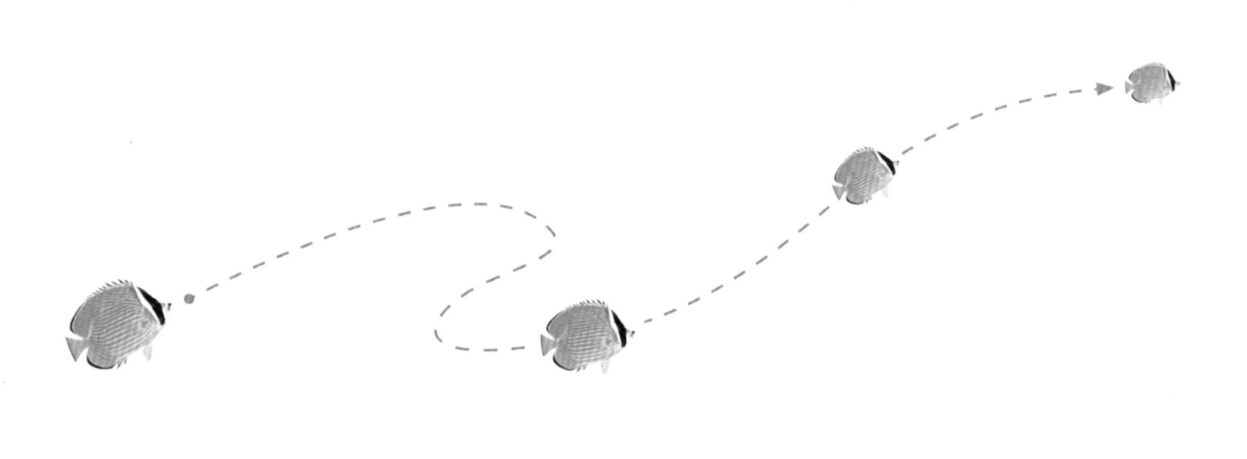

冷酷杀手珊瑚的天敌

珊瑚天敌的故事

珊瑚的烦恼

在澳大利亚的东部海岸，有一条引人注目的狭长珊瑚礁带，把靠近大陆的浅绿色海水与远离海岸的蔚蓝色深海分隔开，以抵挡波浪对陆地的侵袭。这里就是大堡礁，是来自中国南海的小魔鬼鱼夏洛特的新家。这片珊瑚礁非常大度地接纳了成千上万种海洋生物，当然也包括像夏洛特一家远道而来的搬迁户。

蝠鲼一家都有点儿活泼过头了，特别是夏洛特的姐姐南沙，简直就是个多动症。夏洛特的姐姐出生在中国的南海，那里人烟稀少，一串美丽的珊瑚灰沙岛镶嵌在海中，就像撒落的珍珠一样，人们把那片岛屿叫作南沙群岛，所以妈妈给姐姐取了“南沙”这个名字。

南沙在海底待得无聊时，常常会浮出水面搞些恶作剧。有时她还

会故意潜游到在海中航行的小船底部，用体翼敲打着船底，发出“呼呼、啪啪”的响声，使船上的人惊恐不安。因此，他们“魔鬼鱼”的称号和这种喜欢恶作剧的性格是分不开的。

不过今天她打算换个玩法。有一艘漂亮的小船正停在海中，南沙偷偷溜到小船旁边，把自己的一只肉角挂在小船的锚链上，使劲一用力，就把小铁锚拔了起来。船上的人尖叫着乱成一团，接着她又用头鳍把自己挂在小船的锚链上，然后尾巴一甩，拖着小船飞快地游起来。

听到背后传来惊叫声，南沙更兴奋了，她觉得船上的人一定像以前遇到的那些家伙一样，快要被吓晕了。于是她兴奋地拖着船在海上窜来窜去，十多分钟后才恋恋不舍地放下锚链。

就在她要返回海底时，背后突然传来一个女孩的尖叫声：“真是太刺激了，大鱼，明天你还会再来玩吗？”

就这样，魔鬼鱼南沙认识了她一生中最重要的人类朋友。

转眼时光飞逝，魔鬼鱼夏洛特已经在大堡礁度过了几个月的美好时光。然而，谁也没有注意到，危机正悄无声息地逼近……

夏洛特首先发现自己来到大堡礁后认识的第一个朋友——小鹿角珊瑚最近似乎遇到了点儿麻烦，他的样子看起来相当不好。

“你的脸色看起来简直和你身下的珊瑚骨头一样白。”清洁鱼小蓝条担心地说，“真的不需要给你看一下病吗？”

小鹿角珊瑚摇摇触手。

“是不是那些讨厌的圣诞树管虫又死皮赖脸地住在你的珊瑚上了？”夏洛特摩拳擦掌，“我来帮你把他们赶走！”

可怜的小鹿角珊瑚还是一个劲儿地摇触手。

“难道是海星入侵珊瑚礁了？”小蓝条做了一个更可怕的猜测。

但答案根本不在这些猜测里。

小鹿角珊瑚急得整个身体都摇动起来："你们有没有觉得，我看起来不太对头？"

"脸色……特别白？"夏洛特小心翼翼地说。

"没错。"小鹿角珊瑚呜呜地哭了起来，"那是因为，我身体里的虫黄藻全都不见了。"

虫黄藻不见了这件事对于珊瑚虫来说，就好像人类体内没有了维生素C，虽然它不会让小鹿角珊瑚立刻死掉，但如果虫黄藻长时间不回来的话，那可真是件要命的事，难怪小鹿角珊瑚这么紧张。夏洛特和小蓝条也急得团团转，但又想不出什么办法可以帮他。

"我们去查查问题出在哪里。"夏洛特拉着小蓝条去找她的姐姐南沙。姐姐最近交了个人类朋友，是常驻大堡礁的珊瑚礁观察员，所以她经常去海边和那人一起玩。

游到靠近海岸的地方，夏洛特敏锐地感觉到，这里的海水味道比远海酸了一点儿，证据之一就是周围的海藻变得越来越多。海洋王国的居民都知道，海藻喜欢酸一点儿的海水。

远远地，夏洛特看到姐姐正在恶作剧似的拉着她那位人类朋友的小船在海里飞奔。夏洛特好不容易才气喘吁吁地追上姐姐，把自己和小蓝条的重大发现告诉了她。

"珊瑚变白了？我好像听说过，那个词叫什么来着？"南沙的眼睛转了几圈，突然想起人类朋友说过的话，于是她用尾巴猛地一拍海面，

“想起来啦，人类把这叫作‘珊瑚白化’！”

夏洛特特别激动，姐姐这次居然出乎意料地靠谱。但随即南沙又用尾巴拍了拍自己的头：“可是我记不起来，珊瑚为什么会发生白化了，到底是因为海水变暖了，还是因为海藻生长得太快了呢？”

“唉！”原来姐姐还是那样不靠谱啊！夏洛特心情复杂地叹了口气。

过了几天，远洋游来的鱼类陆陆续续传来周围某个地方的珊瑚全身发白的消息。夏洛特只是替好友担心着，但她见多识广的妈妈则很快意识到一场新的灾难就要降临这片美丽的国度了……

夏洛特和小蓝条又跑去看望小鹿角珊瑚。

“你们总算来啦！”小鹿角珊瑚一看到她们就大叫起来，“快来帮忙，我快要被这些海藻闷死了。”

夏洛特束手无策地看着从鹿角形珊瑚枝上生长出的海藻，她巨大的鳍和几乎没什么用的细小牙齿，在这种情况下根本派不上用场。

最后还是小蓝条找来了两条蓝色的粗皮吊（刺尾鱼的一种）。看着他们大口大口地吃掉小鹿角珊瑚身上生长的海藻，夏洛特对他们救了自己的朋友表示感谢。

“下次再有这种事，还可以找我们帮忙。”热心肠的粗皮吊擦擦嘴，匆匆忙忙地游走了。

“总算喘过气来了，”小鹿角珊瑚松了口气，“自从虫黄藻不见了，这些该死的海藻长得越来越快了。热带鱼清理队根本忙不过来。”

夏洛特和她的朋友并不知道，逐渐变暖的气候、变薄的臭氧层、越来越强的紫外线以及人类污染环境造成的海水酸化，这些才是使小鹿角珊瑚脸色惨白的真正原因。

不过，珊瑚王国的其他居民似乎对环境恶化的罪魁祸首——人类的种种破坏行为习以为常了。

珊瑚礁三角区里几个较大的珊瑚礁王国，各自派出能做远洋旅行的鱼类代表聚在一起开会，经过一番讨论，他们决定正式向人类提出抗议。但光抗议是不够的，海洋居民还集体发起了保护珊瑚的总动员。

无数只吊鱼、蝴蝶鱼、鹦鹉鱼和神仙鱼自发组成五光十色的“灭藻小队”。当然，这种时候也不能要求工作太精细了，所以在铲除海藻时，也难免伤到一些珊瑚的身体。一些有毒的海洋生物还组成了自卫队，阻止人类靠近宝贵的珊瑚礁。夏洛特去看望小鹿角珊瑚的时候，就不小心被一条毫不起眼的石头鱼扎了一下。痛得直打滚的夏洛特不得不承认，自己完全是自找倒霉，谁让那家伙看起来和珊瑚礁的颜色一模一样呢！

“我的家都被咬得破破烂烂的了。”小鹿角珊瑚眼泪汪汪地对朋友诉苦，“你看，那条鹦鹉鱼就不能下口轻一点儿吗？”

不过小鹿角珊瑚也知道，比起难看的外表，保住性命肯定更重要。夏洛特不能一直陪着生病的朋友，因为她还要赶去参加海面上的集体抗议活动。

抗议活动的领头人是一头巨大的座头鲸，整个家族濒临灭亡的他最有资格向人类发起控诉了。夏洛特和姐姐有点儿紧张又有点儿激动地跟在后面，在她们周围，上百条海豚、儒艮和鲨鱼摒弃前嫌，围成了一个巨大的圆圈。

“人类能明白我们的意思吧？”夏洛特小心翼翼地问擅长和人类打交道的姐姐。

南沙若有所思地摇摇尾巴：“我看可不一定，他们一向只喜欢看自己愿意看到的东西。”话音刚落，前方的悬崖上便传来游客们兴奋的尖叫声，闪光灯一阵乱晃。

“你看，他们果然不明白。”南沙摆了摆嘴边的肉角，吃进一口小浮游生物，“你不能指望人人都像哈莉那么聪明。”哈莉就是她的朋友，未来的生物学家，目前的大堡礁观察员。

“不过我们所做的努力总会有点儿用处吧？”夏洛特还是不死心。

一条好脾气的儒艮从海里露出来头安慰夏洛特：“一定会的，人类这种动物，对一切反常的行为都很在意。我敢打赌，用不了多久就会有被称为‘科学家’的人类来研究这片海洋到底发生了什么事情……总之，从以往的经验来看，很快全世界都会知道的。”

“别担心，一切都会好起来。”姐姐用光滑的鳍蹭了蹭夏洛特的背，“到那时，海洋会变得正常起来，小鹿角珊瑚也会恢复昔日的美丽颜色。用不了多久，一切都会好起来的。”其实，夏洛特也坚定地这么认为。

珊瑚礁与人类(三)

现在，人类的活动范围已经扩大到了整个地球，地球上再没有哪个角落不受人类活动的影响。美丽的珊瑚也难逃人类带来的厄运。

目前，珊瑚礁所面临的严峻挑战就是海水酸度上升，珊瑚礁主要由碳酸钙构成，一旦海水酸度过高，礁体将更容易被腐蚀、被飓风摧毁或遭受海洋生物的啮噬。

工业革命至今，海水中二氧化碳浓度增加了40%，已经接近了珊瑚虫及其他海洋生物所能承受的海水中二氧化碳浓度的极限。如果二氧化碳浓度继续升高，珊瑚虫将濒临灭绝，而全球的珊瑚礁也将随之消失。

珊瑚礁如果全部消失，那人类免不了要被送上凶手的被告席，因为正是人类活动的不良影响才使得珊瑚礁遭受灭顶之灾。

大堡礁的未来

澳大利亚东部畜牧业发达，部分区域由于过度放牧，植被遭到破坏，水土流失严重。雨季来临时，大量表土沉积物与氮磷化肥、杀虫剂、除草剂等随河入海，加剧了近海水体污染和富营养化，刺激了藻类疯长，导致局部海水升温，氧气减少，有毒物质积聚，进而使珊瑚虫等海洋生物中毒或窒息而亡。

而一旦遭到暴风雨的侵袭，大量的灰尘和泥土就会伴随着雨水入

海，海中的表土沉积物也就相应地进一步增加。曾有一项研究结果显示，过去 150 年间，冲入大堡礁海域的表土沉积物增加了 5 倍。

近年来，大堡礁海域逐渐成为“海上运煤通道”，运煤船只频繁来往于珊瑚礁群，海运事故加剧了水体污染。大堡礁海洋公园管理局一直担心，过往货船一旦发生漏油等事故，将可能引发灾难性的后果。为了维持海洋生态平衡，管理局把大堡礁海域划分为渔业区和禁渔区。不过，据海洋生物学家伊丽莎白·马尔丁观察，一些捕鱼船为了增加捕捞量以获得更多的经济利益，时常守在这条“隐形界限”附近，以便及时捕捞从禁渔区进入渔业区的鱼群。

以上这些现象都折射出人类保护大堡礁和全球其他珊瑚礁群的困境所在。如果继续维持现有的状况，过度依赖化石燃料，过分追逐经济利益，那么即使一些保护措施的出发点是好的，其效果恐怕也不会尽如人意。

与此同时，各国日益繁荣的国际珊瑚贸易以及广泛采用的拖网捕鱼技术，也让珊瑚礁面临严重的生存危机。到目前为止，至少 19% 的珊瑚礁已经成为“历史”。

谁是珊瑚的天敌

珊瑚既美丽又慷慨，它们建造出了大批珊瑚礁供鱼类以及其他海洋生物栖息。然而在大自然中，有生就有死，有盛就有衰，有珊瑚，就一定有珊瑚的天敌，这是自然规律。那么什么会对珊瑚构成威胁呢？珊瑚的死对头又都有谁呢？

可怕的珊瑚白化病

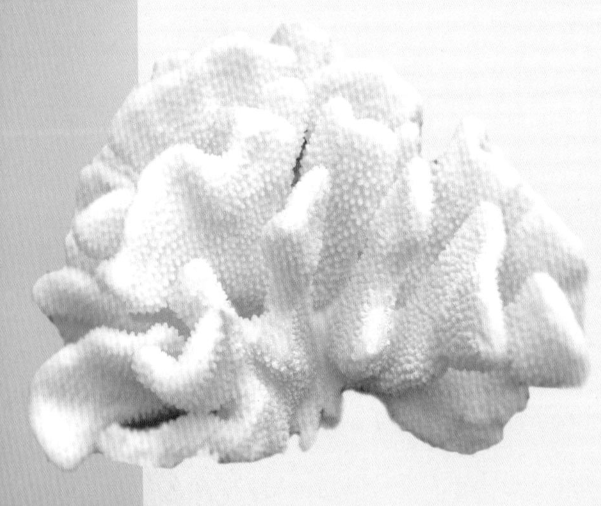

人类和大多数种类的动物，都有可能患上一种先天性的色素缺乏症——白化病。不过珊瑚的白化病跟我们经常听到的白化病完全不同，它是珊瑚生存环境遭到破坏的警报器，对海洋的危害也非同一般。

之前，我们谈到过珊瑚和藻类的共生关系：在造礁珊瑚的体内共生着大量的虫黄藻，它们除了为珊瑚染上绚丽的色彩，更重要的任务就是进行光合作用，一边制造养料提供氧气，一边为造礁珊瑚清除那些代谢产生的废物，比如二氧化碳等等。

当海水的温度持续上升，紫外线曝晒增多时，珊瑚细胞内五颜六色的虫黄藻就会因为产生一种被珊瑚认为是“毒素”的物质，而被排出体外。失去了共生藻的珊瑚虫宿主，身体就会变得像骷髅一样惨白，这就是“珊瑚白化”的原因。

白化发生之后，肥厚的海藻会让失去共生藻的珊瑚窒息而死。到最后，原本五彩缤纷、生机勃勃的珊瑚丛，就会变成一片雪白的“死亡森林”。

那么，人类能不能阻止珊瑚白化的发生？答案当然是肯定的。不过比较麻烦的是，珊瑚是一种极度敏感又任性的生物，一旦海水温度超过一定范围，它们便会抛弃和自己朝夕相伴多年的虫黄藻，变成原本的白色。但这是个多么不考虑后果的决定啊。万一虫黄藻不再回来，珊瑚自己也会随之死去。

既然人类没办法改变珊瑚敏感的性格，就只能从环境上想办法了。

1880 年至 1980 年之间的一百年内，有据可查的珊瑚白化病例只出现过 3 起。但接下来的短短 10 年里，竟出现了 60 起珊瑚白化的病例，全世界不同的海域都曾陆续发现过“患白化病”的珊瑚，就连大堡礁也不例外。要知道 70 年前，人类才刚刚在大堡礁的一次探险活动中发现了第一块白化珊瑚礁。

发生如此大的变化，都是因为近些年工厂废气、汽车尾气、冰箱和空调中的氟利昂、清洗剂、化妆品……所有这些会带来气候变暖和环境酸化的东西组成了一个无形的杀手，害惨了珊瑚。

那么，你想不想为可怜的珊瑚做点儿事情，比如稍微减少一点儿吹空调的时间，出门少开几次私家车等？

悉尼大学生物科学院的奥韦·霍格·古尔贝格教授，近 15 年来对全球的白化珊瑚礁做了详细研究，他在研究报告中得出了一个可怕的结论：除非气候不再变化，否则，100 年内，珊瑚礁将会从地球上的绝大部分地方消失！就连大堡礁这片被认为海底的“全球最美景观”，也被划入了全球“十大即将消失的美景”行列，理由是以现在人类对环境的破坏速度，20 年后这里的珊瑚礁将会大片消亡，大堡礁也将从此不复存在了。

这真是太可怕了！

珊瑚杀手

☞海星：吃海藻的鹦鹉鱼和隆头鱼只会伤害到单株珊瑚，海星才是珊瑚的真正克星！大量繁殖后的海星就像农田里的蝗虫一样，成群结队地袭击珊瑚。比如，浑身长满毛刺的长棘海星就最喜欢美味的造礁珊瑚虫了。

海星吃珊瑚的方式听起来有点儿恶心，它们会把胃翻出来盖在珊

瑚枝上，同时向可以吃掉的部分分泌消化酶，被消化酶溶解的珊瑚虫就会被海星的胃吸收，最后只剩下珊瑚虫的碳酸钙骨骼。

☞海藻：除了在珊瑚体内共生的虫黄藻之外，大部分海藻都是珊瑚的死对头。海藻会抑制珊瑚的光合作用，进而导致珊瑚白化，而

且某些海藻还是“带毒”的，它们含有一些只要珊瑚一接触就可能中毒的化学物质。

不过从另一个角度来看，珊瑚和海藻之间无法相处还有一种原因：海藻的生长环境是弱酸性质的水，当海水酸化时，海藻就会欢天喜地大量繁殖，进而影响到珊瑚生长。所以，在长满海藻的珊瑚礁群内，珊瑚的生长可是非常不容易的。

☞鹦鹉鱼：有着钳子一样大牙的鹦鹉鱼会像割草机一样吃掉珊瑚。别以为鱼就不能啃骨头，鹦鹉鱼能用其板齿状的嘴，把珊瑚虫连同它们的骨骼一起啃下，再用藏在咽喉里的牙齿将其磨碎，然后吞进肚子里。鹦鹉鱼有个特殊的消化系统，有营养的物质会被消化吸收，而那些没用的珊瑚骨骼碎屑则会被排出体外，所以它们也是把珊瑚礁变成“美丽白沙”的大自然帮凶之一。

每当一大群鹦鹉鱼游过时，就会有一条条珊瑚枝条的顶端被切掉，

不过珊瑚上生长的海藻也同时会被吃掉。所以说，鹦鹉鱼一边吃珊瑚，一边又在保护着珊瑚。因此对于整个珊瑚种族来说，那些被它们啃掉的海藻，才是真正的敌人。

☞神仙鱼、蝴蝶鱼和隆头鱼：大多数种类的神仙鱼和蝴蝶鱼都有吃珊瑚的坏习惯，但这些美丽的小破坏分子，同时也会吃掉影响珊瑚生长的海藻，算得上功过相抵。至于隆头鱼这种头部肿着个大包的鱼，虽然它们也爱吃珊瑚，不过由于嘴里只有一颗牙，因此杀伤力很是有限。

然而，这些杀手全部加起来也没有一个敌人给珊瑚带来的伤害可怕，那个敌人就是我们人类！

珊瑚礁卫队

当珊瑚出现白化现象，海藻就会疯狂生长，而可怜的珊瑚虫则会因为身上附着了太多的海藻而窒息，珊瑚礁的生长也会随之减慢或停止。但如果有足够的鱼类来吃掉这些藻类，就可以防止珊瑚窒息。这些鱼就是珊瑚礁的保卫者，它们是：

☞刺尾鱼：这群可爱小鱼的尾柄基部两侧各有一根或多根锐刺，它们的尾巴看起来像把手术刀，所以也被称为“外科医生鱼”。它们虽然可爱，但并不适合伸手去摸，因为它们身上的“手术刀”完全可以给你做个小手术。

刺尾鱼和鹦鹉鱼一样，被科学家认为是“珊瑚礁花园里的除草机”，但比鹦鹉鱼更胜一筹的是，它们对吃珊瑚、拉沙子没兴趣，海藻才是它们最喜爱的食物。

☞蝙蝠鱼：蝙蝠鱼可是罕见的珍稀物种，它们的样子丑且怪：拖着长长的鳍，戴着黑色的面具，但它们啃噬珊瑚礁上海藻的才能，在珊瑚鱼中堪称一流。

有的科学家说，就像花园长期不照料会长出一些杂草一样，珊瑚礁里也会长出小鱼对付不了的大海藻，而蝙蝠鱼就是能扑杀大型海藻的“锯子”。值得一提的是，这家伙居然会用胸鳍与腹鳍行走，当遇

到危险或受到惊吓时，还能像青蛙般跳着逃走！

你见过这样搞笑且会跑会跳的鱼吗？

珊瑚礁王国的危险分子

如果你有机会到印度洋或太平洋潜水（在不破坏环境的前提下），去亲眼看看美丽的珊瑚礁，千万记住一点，美丽的东西，大多数是不适宜用手去摸的，远离不光是为了它们好，也是为了自己好。

做不到怎么办？那就要当心，因为有很多危险分子正在暗处盯着你的一举一动呢！

☞石头鱼：别看它们貌不惊人，但人家可是地球上最毒的鱼类之一。它们拥有 13 根充满霸道神经毒素的尖锐背刺，据说这种毒素最厉害的时候，能在两小时内致人死亡！

它们数量稀少吗？当然不。中国南海、马来西亚、印度尼西亚，甚至埃及到澳大利亚的浅海中，都有它们的踪迹。

石头鱼，顾名思义，外表长得像石头。它们喜欢藏身于各种各样的石头里，特别是珊瑚礁，是它们格外钟爱的居所。

石头鱼通常会藏身礁石附近的海底，随时等待着伏击猎物。所以如果你不想踩到它们，那么最好一直保持在水中游动的姿势，而不要踩着石头或海底沙地行走。如果必须行走的话，请拖着步子，不要跨大步。

注意，千万别踩珊瑚，石头鱼正盯着你呢！

☞蓑鲉：蓑鲉又被称为“狮子鱼”，是珊瑚礁里的常住客之一，它们有大大的绸扇一样华丽的胸鳍和有毒刺的背鳍。那些刺的毒性很强，平常由一层薄膜包裹着，当遇到敌害时，膜便会破裂，里面的毒刺就会直攻对方，如果人类不小心被它们刺破皮肤，虽然不至于像小鱼那样被毒死，但伤口也会疼痛难忍、肿胀发炎。

有毒的东西大多数都是美丽的，蓑鲉也不例外。它们的鳍和尾就像探戈舞演员的裙子那样，鲜艳夺目，随水摆动，似乎是在警告天敌：喂，我可是不好惹的！

但是如果遇到打不过的敌人，那些鳍可就成为累赘了，甚至会妨碍它们逃生。蓑鲉非常热爱自己生活的珊瑚礁，因为万一失去珊瑚的保护，蓑鲉就很容易暴露自己，成为大鱼攻击的目标。

☞地毯海葵：对那些不能与海葵共生的鱼类来说，如果水族箱里被放进一只地毯海葵，简直就如同被放进了一件核武器。这种看起来有点儿像短触手版公主海葵或是家里长毛绒地

毯的漂亮生物，具有非常强的毒性。请牢牢记住它们的样子！它们是少数能对人类造成比较严重伤害的海葵，所以千万不要随便用手去碰它们哟！

可是，有种银莲花蟹对地毯海葵的爱可以说是无怨无悔，它们依靠地毯海葵而生，无论是在海里还是在水族箱里，只要有一只地毯海葵做伴，它们就可以安心地生活下来。但如果被丢到没有亲密伙伴的地方，银莲花蟹则会慢慢死去！

团结就是力量！

海洋馆里的珊瑚世界（二）

好了，我们的珊瑚花园之旅就快结束了。在离开“珊瑚世界”之前，让我们再好好看看这缤纷的珊瑚丛中，还有哪些可爱的生物吧。

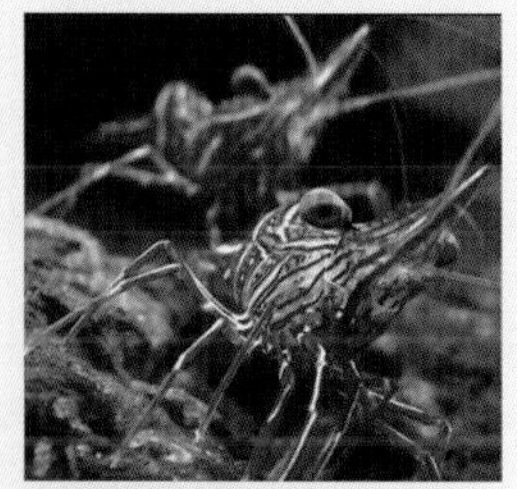

机械虾：这种虾的长相很卡通，有一双很大很萌的眼睛，个性比较温和。雄虾的螯足很大，常常会为雌虾大打出手。

夏威夷海星虾：这种虾又被称为小丑虾，它们虽然只能长到5厘米，也就是一根手指头的长度，但它们却是海星的死对头，经常可以看到两只虾趴在海星背上啄食海星肉。

点篮子鱼：这是一种非常漂亮的珊瑚鱼，背部呈暗蓝色，腹部为银色，身体上布满了亮黄色的斑点。

紫雷达鱼：这是一种体色艳丽的珊瑚鱼，个头很小，身体前半部是白色，后半部是灰色，背鳍和腹鳍则为十分醒目的紫色和红色。

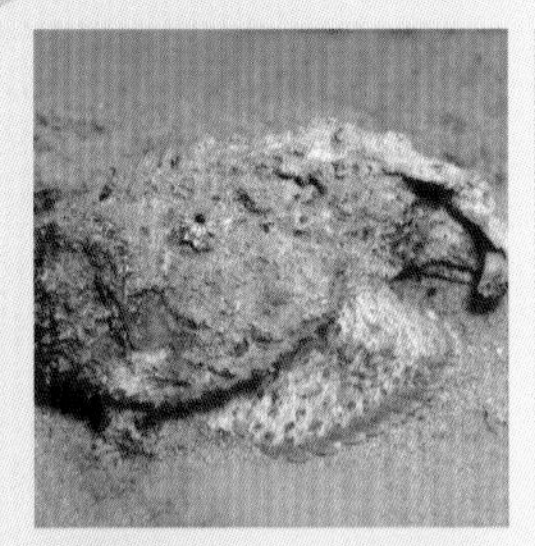

玫瑰毒鲉：这种鱼是鲉类鱼中毒性最强的。人被它们刺中后，伤口处会产生难以忍受的剧痛，甚至失去知觉，严重的会导致呼吸困难，危及生命。

粉蓝吊鱼：这种鱼身体是蓝色的，配上鲜黄的背鳍、深蓝色的头和浅蓝色的尾，美得很妩媚，但相对于同类型的鱼来说，粉蓝吊鱼具有强烈的攻击性。

神像：这种鱼的名字很独特。它们的身体扁扁的，嘴巴很小，身体黑白分明，非常漂亮。弧度优美的背脊是它们的标志。

高鳍刺尾鱼：这种鱼身体呈卵圆形，从眼睛到尾部有数条棕色和白色相间的环带绕身，鳍部张开时就好像撑起的船帆一样。

长吻鼻鱼：这种鱼身体椭圆而侧扁，最大的特点就是眼前方的额头上有一个短短的圆角，其长度和吻的长度相当。

灰额刺尾鱼：这种鱼充分体现了大自然才是调色高手，蓝、黑、黄、白四种颜色在它们身上搭配出让人赏心悦目的纹路。

五彩青蛙：别误会，这可不是青蛙，而是一种珊瑚鱼的名字，它们还有个别名，叫绿麒麟。这种鱼身体上的颜色亮丽而又丰富，有着非同寻常的外貌，是热带鱼中的大美人。

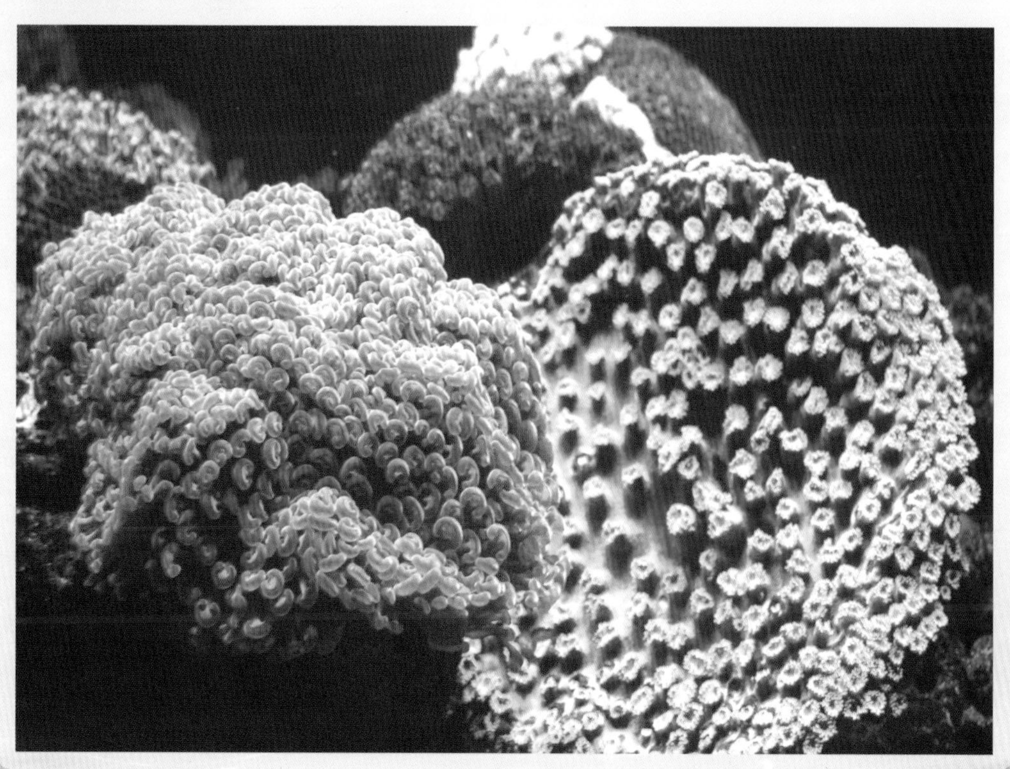

珊瑚花园之旅结束了

我想……
做个小手工留作纪念

海洋科普馆

精彩纷呈

探秘海洋·了解海洋

图书在版编目（CIP）数据

珊瑚花园 / 凌晨漫游工作室编著. —大连：大连出版社，2013.9（2019.3重印）
（海洋科普馆）
ISBN 978-7-5505-0559-9

Ⅰ.①珊… Ⅱ.①凌… Ⅲ.①珊瑚虫纲—少儿读物
Ⅳ.①Q959.133-49

中国版本图书馆CIP数据核字(2013)第187277号

出 版 人：刘明辉
策划编辑：王德杰
责任编辑：李玉芝
封面设计：林 洋
责任校对：姚 兰
责任印制：孙德彦

出版发行者：大连出版社
地址：大连市高新园区亿阳路6号三丰大厦A座18层
邮编：116023
电话：0411-83627375
传真：0411-83610391
网址：http://www.dlmpm.com
邮箱：wdj@dlmpm.com
印 刷 者：保定市铭泰达印刷有限公司
经 销 者：各地新华书店

幅面尺寸：185 mm × 225 mm
印　　张：7.75
字　　数：82千字
出版时间：2013年9月第1版
印刷时间：2019年3月第3次印刷
书　　号：ISBN 978-7-5505-0559-9
定　　价：35.00元